改变世界的航天计划丛书

梦想清单：航天科学探索

刘进军 著

陕西新华出版传媒集团

未来出版社

图书在版编目（CIP）数据

梦想清单：航天科学探索 / 刘进军著. —西安：
未来出版社, 2020.10（2021.03 重印）
（改变世界的航天计划丛书）
ISBN 978-7-5417-6873-6

Ⅰ. ①梦… Ⅱ. ①刘… Ⅲ. ①航天学—普及读物
Ⅳ. ①V4-49

中国版本图书馆 CIP 数据核字（2020）第 138729 号

改变世界的航天计划丛书
GAIBIAN SHIJIE DE HANGTIAN JIHUA CONGSHU

梦想清单：航天科学探索
MENGXIANG QINGDAN: HANGTIAN KEXUE TANSUO

策划统筹	王小莉
责任编辑	雷露深
出版发行	陕西新华出版传媒集团　未来出版社
地　　址	西安市雁塔区登高路 1388 号　邮编　710061
电　　话	029-89120506
开　　本	720 mm×1020 mm　1/16
印　　张	12
字　　数	196 千字
印　　刷	陕西安康天宝实业有限公司
版　　次	2020 年 10 月第 1 版
印　　次	2021 年 3 月第 2 次印刷
书　　号	ISBN 978-7-5417-6873-6
定　　价	38.00 元

目录

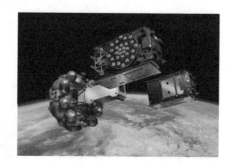

一个好主意，能否改变世界？一个金点子，能否促进人类的社会进步和历史进程？天才不是天生的！科学需要梦想、勇气、想象力和金点子。每一个梦想都会诞生一个金点子。无论金点子多么小，长大了就能改变世界！

1.1 万户飞天

　　相传，2 000多年前，中国思想家墨子发明了风筝，而鲁班用竹子改进了风筝。中国人常用风筝测量距离、风向和风力，甚至用风筝来传递信息。后来，风筝传入柬埔寨、泰国、印度、日本、韩国和西方国家。风筝可以说是最早的人工飞行器了，并启发人们发明了现代飞行器。

　　火药是中国四大发明之一。据记载，在春秋时代，中国人就将硫黄、芒硝与木炭混合在一起制成火药。人们发现：火药燃烧和爆炸能产生推力。中国古代火药的发明，为火箭的发明创造了条件。

　　中国是火箭的故乡。三国时期，中国人就利用火药制作了火箭。火药燃烧、发生爆炸后产生气流。火箭利用气流产生的反作用力飞上天空。宋朝、金朝、元朝时期，中国的火箭技术已经相当成熟。官兵们在箭头上安装箭镞、尖刀、燃烧物，用于战争。

　　明朝时，中国人已经应用火箭并联和串联的原理，制作了各种火箭武器。中国人把古代火箭技术推进到高级阶段，为近代火箭的研制拓展了思路。中国为火箭技术的发展做出了重大贡献。

　　1909年10月2日，美国国家博物馆机械技术馆馆长约翰·沃特金斯在《科学美国人》一书中，第一次介绍了一位中国古代科学家——王图。王图建造了一对大风筝。他将一把椅子固定在大风筝下，自己坐在椅子上。椅子下

面安放了 47 枚火箭。王图让人们用蜡烛点燃了火箭。非常不幸，椅子下的火箭突然爆炸。王图、椅子和大风筝一起被炸飞烧毁。

美国马歇尔太空飞行中心藏画：万户飞天

1945 年，美国博物学家、作家、教育家赫伯特·基姆在《火箭与喷气发动机》一书中，描写了一位中国古代科学家乘坐火箭飞天的故事。他名叫万户，不叫王图。他俩可能就是同一个人，只是翻译不同。书中写道：明代时，万户在一把座椅的下面安装了 47 枚当时最大的火箭。他把自己捆绑在椅子上，两只手各拿一只大风筝。万户让人们同时点燃 47 枚火箭，梦想借助火箭和风筝飞上太空。火箭喷火，烈焰翻腾，万户和椅子冲向天空。突然，大火球一闪，一声爆炸震耳……万户在火箭飞行中爆炸身亡，留下一世英名。这个惊心动魄的故事，就是"万户飞天"。

飞上天空和太空，一直是人类的理想，但都与梦想、科幻联系在一起。

在人类发展史上，世界各地都曾有一些幻想家、梦想家和冒险家。他们的目标一致，方法也几乎一样：模仿鸟类，插上翅膀，飞上天空。

这种大胆的想法和天真的行动，都非常幼稚和不科学。

科学证明：人类依靠自身的力量是无法飞上天空的。

火箭，不是梦想和科幻。万户第一个将火箭变为科学实验，对人类航空航天做出了伟大的贡献。这不但是一个科学方法的飞跃，更是思维方式的飞跃。现在，世界上所有航天器和宇航员几乎都以火箭运载的方式进入太空。

万户飞天，为人类航空航天，为人类太空探索，描绘了宏伟蓝图，指明了前进的方向，意义重大，影响深远。

万户被世界各国公认为人类航天的先锋，世界第一位乘坐火箭飞行的英雄。

为了纪念这位世界航天先锋，科学家将月球背面的一座大环形山命名为"万户"环形山。

万户，开启了火箭技术、人类航天、太空探索的大门。

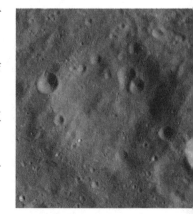

2013 年 10 月 30 日，美国"月球勘测"轨道飞行器拍摄的"万户"环形山

1.2 科学与真理

他，一生都在科学和艺术的道路上，不断地寻觅、流浪和挣扎，追求真、善、美。

他，用毕生的精力，竭力探寻着解开上帝创造生命的神奇配方。

他，尝试着各种数学配比，破解世间万物的科学规律。

他，梦想有一天，人类在天空中自由自在地翱翔，飞向太空。

他，就是意大利著名科学家、发明家、艺术家、画家达·芬奇。

在意大利中部，有一座号称世界艺术之都、欧洲文化中心、欧洲文艺复兴的发祥地、歌剧的诞生地、文化旅游胜地的历史文化名城——佛罗伦萨。

1452 年 4 月 15 日，达·芬奇生于佛罗伦萨的芬奇镇。

从小，达·芬奇就是一个绘画神童。他是一个兴趣广泛、好奇心强烈、想象力丰富、多才多艺的孩子。

他认为：科学和艺术一样，都是追求真实和精准。

为了精确描绘人体，达·芬奇常常深更半夜跑到太平间解剖尸体，了解人体结构。他还解剖了各种动物，为绘画提供了真实和详细的数据。

达·芬奇运用科学绘画，最终成为人类历史上最著名的画家之一。他的作品《蒙娜丽莎》《最后的晚餐》《抱银貂的女郎》《维特鲁威人》等，成为美术的典范和科学绘画的经典。

1.618，一个神秘而自然的数字。

这就是自然界无所不在的神秘比值——黄金分割，号称上帝的配方、达·芬奇密码。

在自然界、生物界和人体中，1.618 黄金分割广泛存在。黄金分割是生物进化和自然选择的结果。黄金分割已成为人类的审美标准，人类艺术和科学设计的宠儿。在绘画和照片中，将主要景物按黄金分割布局，将形成最美的视觉享受。

　　许多古今中外的著名建筑也遵循着黄金分割的规律，如金字塔的斜面三角形高与底面半边长的比例，雅典神庙和巴黎圣母院的外观，上海东方明珠电视塔观光层的位置，都利用了黄金分割。

⬆ 达·芬奇

　　非常有趣的是：人体处于黄金分割的关节都能够弯曲，如手指关节、肘部关节、膝盖关节、颈部、腰腹等。如果身体蜷缩时，蜷缩点恰好位于人体黄金分割点——肚脐处。为什么会有黄金分割呢？这是生物经过几亿年进化的结果。

　　黄金分割，这能让身体和四肢完全地蜷缩，抓住东西和自我保护。生物界选择了这种没有缝隙的蜷缩——黄金螺旋。如各种植物、高分子、准晶体结构、太阳系行星距离、海浪旋涡等等，都是黄金螺旋分形。

　　达·芬奇是一位科学巨匠。他坚信科学，追求真理。

　　当时，传统的宇宙学认为：地球是宇宙的中心。这就是"地心说"。据说，达·芬奇在用望远镜观察了天象后说：科学要用事实说话！"地心说"

⬆ 最后的晚餐

黄金螺旋

一派胡言，毫无道理！地球不是太阳系的中心，更不是宇宙的中心。地球只是一颗环绕太阳运转的行星。太阳才是太阳系的中心。

达·芬奇认为：月球环绕地球运行。月球自身并不发光，只是反射太阳的光芒。

达·芬奇的科学思想和科学方法，为后来的哥白尼、伽利略、开普勒、牛顿等科学家的发明创造，指明了方向，开辟了光辉的道路。

从欧洲的文艺复兴时期开始，世界逐渐抛弃封建、迷信和主观的思想，走上了解放思想，追求客观和真理的道路。社会、哲学和艺术开始突飞猛进地发展。自然科学成为一门精细和精准的科学。人类开始了航海大发现、地理大发现、科学大发现和宇宙大发现。

达·芬奇是一位思想深邃、学识渊博、多才多艺的艺术大师，也是一位科学巨匠、文艺理论家、大哲学家、诗人、音乐家、工程师和发明家。他在几乎每个领域都做出了巨大的贡献。达·芬奇拥有永不满足的好奇心和旺盛的创造力，被誉为"文艺复兴时代最完美的代表""第一流的学者""旷世奇才"。

好奇与想象、科学与真理，正是达芬奇多才多艺的主要因素之一。

金点子，总是在各个方面，甚至完全陌生的方面闪光。达·芬奇既是艺术家，又是科学家。他既能形象思维，又能逻辑思维，甚至达到登峰造极的地步。

达·芬奇的各种设想、概念、技术都非常实用和精巧，遗憾的是，达·芬奇的大多数著作和手稿都没有发表。

1519年5月2日，67岁的达·芬奇在法国的昂布瓦兹去世。

多年后，人们才发现达·芬奇的各种伟大发明和宏伟设想。

世界科学史家这样评论达·芬奇：如果当初他发表这些著作的话，科学一定会飞速前进100年。世界将会变成另外一个模样。

 1488年，达·芬奇设计的
飞行器

达·芬奇梦想的飞行器已
经飞入太空

1.3 上帝不会掷骰子

1879年3月14日，位于德国乌尔姆市班霍夫街135号的一个犹太人家诞生了一个小男孩儿。

他就是现代物理学的开创者、奠基人，相对论的创立者，"振动粒子"理论的捍卫者——阿尔伯特·爱因斯坦。

1895年，16岁的爱因斯坦自学完微积分，参加瑞士理工学院的入学考试，却惨遭失败。爱因斯坦并没有沮丧，继续学习一年后，终于考上瑞士理工学院。

当同年的孩子们在为大学课业努力的时候，爱因斯坦的思想已经飞进了科学的金字塔尖。

当时，他对经典理论的内在矛盾产生疑问，开始思考：当一个人以光速运动时会看到什么现象？爱因斯坦决定破译这个科学谜团。

想象力比知识更重要！

这是爱因斯坦的名言和真实写照。

現代物理学的开创者——
爱因斯坦

1905 年 3 月，想象力奇异的爱因斯坦发表了量子论，提出光量子假说，解决了光电效应问题。质能方程 $E = mc^2$ 成为物理学的经典。

他在瑞士苏黎世大学完成论文《分子大小的新测定法》，从而获得博士学位。5 月，爱因斯坦发表论文《论动体的电动力学》，独立而完整地提出惊世骇俗的狭义相对性原理，创建了狭义相对论，开创了物理学的新纪元。

狭义相对论理论指出：时间和空间都不是绝对概念，而是取决于观察者在不同速度下的相对概念。当一个人的运动速度越快，这个人的时间就越慢；当一个人的运动速度达到光速时，那么这个人的时间就是静止的。狭义相对论展示了时间的膨胀，或者也可以认为是时间的减慢效应。狭义相对论让人类观察宇宙的方式彻底改变，从一个仿佛置身宇宙之外的旁观者，变成了身处其中的一分子。

1915 年 11 月，爱因斯坦提出广义相对论引力方程的完整公式。这是一个影响人类文明的方程式。广义相对论可描述时空，它将引力描述为时空的扭曲。广义相对论理论颠覆了长期以来科学家对于引力的理解方式。

广义相对论是以几何语言建立的引力理论。它统合了狭义相对论和牛顿的万有引力定律，将引力描述成因时空中的物质与能量而弯曲的时空，以取代传统对于引力是一种力的看法。

1916 年 3 月，37 岁的爱因斯坦发表总结性论文《广义相对论的基础》。广义相对论支持和预言黑洞理论，物质在黑洞"只进不出"。黑洞的引力场非常强大，吸收着一切，包括各种星星、光芒……

广义相对论揭示了时空、物质、运动和引力的统一性。他从引力场方程预见星系分离运动。后来，天文观测到这种星系分离运动。相对论可以推导出物质的运动速度在增加时，重量也会增加。光速可能是物质的最大速度。爱因斯坦认为：黑洞、光电效应、空间和时间会弯曲、宇宙空间有限无界。

最新的科学更证实了爱因斯坦伟大的科学预见。

爱因斯坦创立了相对论，用最简单的方法解释了时间与空间的关系，指明了引力物理学、天体物理学、宇宙物理学和宇宙学等学科的研究方向，为现代物理学奠定了理论基础，让世界进入现代科学时代，开创了现代科学新纪元。

爱因斯坦的相对论理论太超前、太难懂了。绝大多数人都不相信，也弄不懂相对论。许多所谓著名的物理学家、宇宙学家、天文学家，看不懂也无法理解相对论，就不相信和拒绝相对论理论，甚至讽刺挖苦爱因斯坦。

爱因斯坦在提出相对论的时候，曾将宇宙常数代入他的方程。他认为：有一种反引力，能与引力平衡，促使宇宙有限而静态。当天文学家哈勃将膨胀宇宙的天文观测结果展示给他看时，爱因斯坦明白自己的学说与实际的观测不一样。他坦白地说："这是我一生所犯下的最大错误。"

爱因斯坦被公认为是自伽利略、牛顿以来最伟大的科学家、物理学家。

1919 年 11 月 10 日，美国《纽约时报》报道：根据科学观测，证实了相对论的正确性。这是爱因斯坦相对论理论的决定性胜利。

爱因斯坦因发现光电效应定律而获得 1921 年的诺贝尔物理学奖。

爱因斯坦是个和平主义者，反对战争。作为一个犹太人，他到处进行和平演说。德国刺客们的黑名单上也出现了阿尔伯特·爱因斯坦的名字。希特勒悬赏两万马克要他的人头。爱因斯坦被迫从意大利迁到荷兰，又从荷兰迁居美国，四处流浪。

广义相对论——用几何语言描述引力的理论

1939 年 8 月 2 日,爱因斯坦上书时任美国总统罗斯福:为了世界和平,为了阻止法西斯德国,美国应该积极研制核武器,防止德国抢先拥有原子弹。1940 年,爱因斯坦加入美国国籍。

"上帝不会掷骰子"是爱因斯坦的一句名言。

他用宗教的术语来表达他对量子力学和客观物理世界的看法。爱因斯坦曾经是量子力学的催生者之一,承认它的非决定性,但是不满意量子力学的发展。

"月球是否只在你看着它的时候才存在?"爱因斯坦的又一句名言。

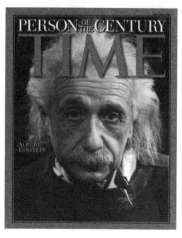

科学在于发现!爱因斯坦是恪守"因果律"的经典物理学家。他在狭义相对论、广义相对论、宇宙学、统一场论等领域有卓越的成就。

爱因斯坦的金点子非常多。他的理论应用于物理学、天文学、宇宙学、宇航学等许多领域,也为太空探索、人类航天奠定了基础,做出了重大贡献。

1955 年 4 月 18 日,人类历史上最伟大的科学家阿尔伯特·爱因斯坦逝世。爱因斯坦常常被认为是一个孤独的人,但他赢得全世界的尊重和景仰。1999 年12 月 31 日,爱因斯坦被美国《时代》杂志评选为"世纪伟人"。

《时代》杂志封面人物——"世纪伟人"爱因斯坦

1.4 太空的起跑线

1903 年 12 月 17 日,美国莱特兄弟的第一架动力飞机——"飞行者 1 号"试飞成功,震撼了世界。

欧洲、法国、英国、意大利随即掀起一股飞机热。一位思维活跃和胆量超

众的法国人——亨利·法尔芒想试试飞行的乐趣。他是第一个驾驶飞机的欧洲人，最终成为飞行家和飞机设计师。在早期的飞行活动中，法尔芒多次创造飞行速度、高度和距离的世界纪录，令人瞠目结舌。

⬆ 法尔芒驾驶的飞机

⬆ 冯·卡门

1908 年的一天，一个小伙子——冯·卡门目睹了法尔芒又一次打破飞行纪录。当飞行结束后，冯·卡门从人群中挤过去，与法尔芒留下一段精彩的对话。

"我是研究科学的。"冯·卡门自我介绍后问法尔芒，"你知道，一位伟大的科学家用他的定律证明：比空气重的东西是绝对飞不上天的。为什么飞机会飞上天？你是怎么飞上天的？"

法尔芒幽默地回答："哦，你是指那个研究苹果落地的人吗？我幸好没有读过他的书，不然，今天就不会得到这次飞行的奖金了。我只是个画家、赛车手，现在又成了飞行员。至于飞机为什么会飞上天，不关我的事。您应该研究它。祝您成功，再见！"

在回家的路上，冯·卡门坐在汽车里久久地沉思。他对一位记者说："伟人的话看来也不一定都对。现在，我知道今后一生该研究什么了。"

冯·卡门拉住记者的手，伸出车窗外："你看，一股风立刻吹过手的表面，凉凉的，嗖嗖响，具有速度感。这里有多少科学奥秘啊！"

冯·卡门说："我要不惜一切，努力去研究空气、研究风，以及空中飞行的全部奥秘。我总有一天会向法尔芒讲清楚，为什么飞机能上天的道理。"

这次参观的影响深远。冯·卡门从此走上了研究空气动力学的道路。

冯·卡门，匈牙利人，美国物理学家。他主要研究空气动力学，尤其对超声速和高超声速气流等科学贡献巨大。

1881 年 5 月 11 日，冯·卡门出生于奥匈帝国的匈牙利布达佩斯的一个犹太家庭。1902 年，他毕业于布达佩斯皇家理工综合大学。冯·卡门毕业后进入哥廷根大学，1908 年获得博士学位。

1912 年，冯·卡门成为德国亚琛大学空气动力学和力学教授，以及空气动力研究所所长。1914 年，第一次世界大战爆发。1915 年至 1918 年，冯·卡门受邀来到奥匈帝国，为匈牙利军队设计了一架早期的直升机。

冯·卡门的贡献和名气很大，桃李满天下。

世界上几百名著名的航空学家、航天学家、火箭专家、导弹专家都是他的学生，包括中国航天之父、中国导弹之父钱学森，中国近代力学之父、应用数学之父钱伟长，力学家、应用数学家、空气动力学家郭永怀。

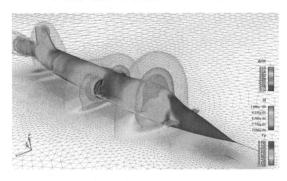

空气动力学：利用空气飞行和行驶的科学

1960 年，美国宇航局喷气推进实验室的主任威廉姆·皮克林博士说："如果没有冯·卡门，我们就不会有航空航天科学。"

冯·卡门被公认为世界超声速之父。他运用数学原理研究流体力学和空气动力学，指导实际设计。冯·卡门认为：后掠翼是现代喷气飞机的必由之路。他为世界航空和世界航天都做出了伟大的贡献，是 20 世纪最伟大的科学家之一。

冯·卡门谦逊地说："在自然法则面前，人类永远渺小。我，更渺小。人类永远不要说征服太空，只能敬畏太空。"

1950 年 1 月 1 日，冯·卡门在加州理工学院喷气推进实验室上课

哪里是天空？哪里是太空？

天空和太空自古以来没有分界线，科学家需要确定天空的终点或太空的起点。这不但是一个科学的问题，还关系到国家领空、主权等问题。

关于天空与太空的争论由来已久，主要分为高度论、空气论和功能论。

高度论：支持者认为以空间的某种高度来划分领空和外层空间的界限，以确定适用两种不同法律制度的范围。有人认为以航空器向上飞行的最高高度为限，即离地面 30~40 千米为领空；也有人认为以航天器离地面的最低高度 100~110 千米为外层空间的最低界限。

空气论：支持者认为以不同的空气构成为依据来划分空间界限。由于从地球表面至数万千米高度都有空气，因而出现以几十、几百、几千千米为界的不同主张。有人认为：凡是有空气的地方均为天空，应属领空范围。

功能论：支持者认为应根据飞行器的功能来确定其所适用的法律。如果是航天器，它的活动为航天活动，应适用太空法。如果是航空器，它的活动为航空活动，应适用航空法。整个空间是一个整体，没有划分领空和外层空间的必要。

怎样科学地解决天空与太空的分界问题呢？

科学的一大功能是定量、定性。只要能定量、定性，绝大多数疑难问题就能解决。

冯·卡门灵机一动，想出了一个金点子。

冯·卡门从空气动力学的角度定义天空的概念。他认为：如果航空器进入 100 千米高度以上的空间，地球大气层的空气变得太稀薄，没有任何航空器能在此高度上从大气中获得空气，提高自身气动升力，获得足够的动力和能力，进入高速飞行。此外，大气温度和太阳辐射的突然增减和互动，航空器也不可能实现飞行。

冯·卡门又从太空动力学的角度定义太空的概念，包括轨道速度、轨道高

地球外面有一层薄薄的大气层

通过"赫歇尔"太空望远镜看见的太空

度及物理关系等。

轨道速度：航天器不需要空气就能高速飞行。为了环绕地球飞行，航天器的速度大约每小时 27 000 千米，即第一宇宙速度。只有航天器才能达到这样的高速度。

轨道高度：航天器几乎不可能在 100 千米以下轨道飞行。因为大气阻力和地球引力影响，航天器飞行速度将迅速降低，非常容易坠毁在地球。航天器在超过 100 千米的高度飞行，才能保持轨道高度和速度。航天器在 220 千米以上的高度飞行才最安全，更容易实现长期飞行。航天器进入 150 千米高度以下，就再也回不到原来高度，进入死亡轨道。

冯·卡门认为：海拔 100 千米的高度是航空器飞行的最高高度，也是航天器飞行的最低限度。太空，应以海拔 100 千米为起点和标准。科学家经过计算，也对 100 千米为太空起点表示赞同，并希望作为正式的划界标准。事实上，"100" 又是一个很容易记忆的数字，为未来的卡门线指定方向。

位于日内瓦的国际航空联合会支持冯·卡门的科学论证：以海拔 100 千米的高度为分界线，作为天空的终点线，太空的起点线。

国际航空联合会以冯·卡门的名字命名这条看不见的分界线——卡门线。它科学定义了天空与太空的概念，解析了许多航空航天领域的复杂疑问，受到全世界大多数国家和科学家的赞同。

关于卡门线的科学论证，冯·卡门解决了 4 大科学难题。

卡门线：天空与太空的分界

第一，根据卡门线的划分，定义了天空和太空的边界概念：在卡门线以下的空间，称为天空；在卡门线以上的空间，称为太空。

第二，根据卡门线的划分，定义了航空和航天的概念：在卡门线以下的飞行活动，称为航空；在卡门线以上的飞行活动，称为航天。

第三，根据卡门线的划分，定义了航空器和航天器的概念：在卡门线以下飞行的飞行器，称为航空器；在卡门线以上飞行的飞行器，称为航天器。

第四，根据卡门线的划分，定义了飞行员和宇航员的概念：在航空器里飞行的人，称为飞行员；在航天器里飞行的人，称为宇航员。

冯·卡门的科学贡献很多。卡门线是他对航天科学的最大贡献。

卡门线，被誉为太空的起跑线。

冯·卡门一生致力科学研究，从未结婚。他说：一个好主意，一个金点子，都会改变世界。一生为人类做贡献，就会永远幸福！

为什么科学家、发明家这么聪明呢？

怎样才能成为科学家和发明家呢？

他们都有一个共同的特点：好奇心，非常善于观察生活和各种现象，想象力丰富。

每当碰到奇异的现象，他们总是很好奇：这是怎么回事？

每当碰到想不通的事情，他们总会问：为什么？

每当遇到困难和麻烦，他们总会想：怎么办？

每当遇到解决不了的难题，他们总会设想：这样行不行？

科学家和发明家总是提出各种疑问，设计各种奇思妙想，梦想绚丽的未来。

1962年，美国召开第一次全国科学大会，盛赞冯·卡门的伟大功绩。美国国会将美国第一枚"国家科学勋章"授予冯·卡门。

1963年2月18日上午，时任美国总统肯尼迪在白宫玫瑰园为82岁的冯·卡门授勋。当患有严重关节炎的冯·卡门颤颤巍巍地走下台阶，突然双腿摇晃，险些摔倒。约翰·肯尼迪总统急忙上前，牢牢挽住老人。

冯·卡门回以微笑表示感谢，轻轻推开总统的手，幽默地说："总统先生，走下坡路无须挽扶，走上坡路才求一臂之力。"简短一句话，冯·卡门精确解释了人生、航天的艰难和意义。

1963年5月6日，冯·卡门去世，被安葬在加州帕萨迪纳。

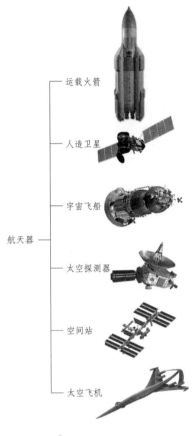

运载火箭

人造卫星

宇宙飞船

航天器

太空探测器

空间站

太空飞机

🎧 航天器的分类

如果小朋友们遇到问题也能多问问：这是怎么回事？为什么？怎么办？这样行不行？加上不断学习，你最终也会成为一位世界闻名的科学家。

爱科学，爱航天，你也可能成为传奇！

一个好主意，能够改变世界！

一个金点子，真能促进人类历史进程！

航天器

航天器，是指在太空飞行的飞行器。

航天器与飞机等航空器相比，有以下主要区别：

1. 飞行原理不一样。航空器按照空气动力学原理飞行。航天器按照轨道力学原理飞行。航天理论比航空理论更深更广，技术更难。

2. 飞行方式不一样。航空器依靠空气，利用翅膀和尾舵飞行。航天器主要依靠地球引力和离心力飞行。所以，它们的样子、造型和大小不同。

3. 飞行环境不一样。航空器在天空的空气中飞行。航天器在太空的失重、真空环境下飞行。当然，它们的动力和燃料也不一样。

4. 飞行高度不一样。航空器一般飞行高度为 10 千米以内。航天器一般最低飞行高度在 220 千米以上。

5. 飞行速度不一样。航空器一般飞行速度为 1 000 千米/时。航天器最低飞行速度为 27 000 千米/时。

航天器主要分为 6 大类：运载火箭、人造卫星、宇宙飞船、太空探测器、空间站和太空飞机。

第2章
火箭的秘密
>>>

火箭多高呢？火箭多大呢？火箭里面什么样呢？火箭有多少种呢？请你钻到火箭里面，品尝一次琳琅满目的科技盛宴。请你按下发射按钮，点燃理想的火焰，发射好奇的心情，飞向梦幻的未来。

2.1 飞天大力士

火箭技术用于军事，就是导弹和洲际导弹，会给世界带来灾难和毁灭。

火箭技术用于航天和太空飞行，就是运载火箭，为人类架起了通向太空的桥梁。

火箭好像魔术师，变化出无数身手不凡、形态各异的运载火箭，成为飞天大力士，更将人类的理想送上太空。

运载火箭主要是由洲际导弹改装、演变发展而来的，所以具有攻击性、毁灭性特点，更是先进、威猛和强大的象征。

运载火箭是专门为太空运送卫星、飞船、空间站、太空探测器和航天飞机等航天器而设计的。它自带燃烧剂和氧化剂作为推进剂，利用火箭的作用力与反作用力，运送物体到太空。

火箭的运载能力，主要看火箭的力量——推力。推力越大，火箭的运载能力就越强。

世界著名运载火箭包括：苏联/俄罗斯的"东方""宇宙""联盟"和"天顶"系列运载火箭；美国的"大力神""宇宙神""德尔塔""土星""猎鹰"系列运载火箭；欧洲的"阿丽亚娜""织女星"系列运载火箭；日本的"N""H"系列运载火箭；中国的"长征"系列运载火箭等。

世界上最大的运载火箭是美国的"土星-5"号，月球轨道运载能力45吨，近地轨道运载能力120吨。

运载火箭种类繁多，拥有庞大的家族。

按性质和功能的不同，运载火箭有以下几种分类方式。

按级数多少可分为单级火箭和多级火箭。

按结构形式可分为串联火箭、并联火箭和串并联火箭。

按重量大小可分为小型火箭、中型火箭、重型火箭和超重型火箭等。

按用途功能可分为载人火箭、货运火箭、航天火箭、月球火箭、火星火箭、星际火箭等。

按发射方式可分为陆射火箭、海射火箭、空射火箭和潜射火箭。

按动力方式可分为化学火箭、核火箭、电火箭、光子火箭等。

按推进剂的不同，化学火箭又分为液体推进剂火箭、固体推进剂火箭和混合推进剂火箭。

探空火箭研究大气或进行简单实验，只能进行抛物线般的亚轨道飞行，不能到达低地球轨道。低地球轨道是一种环绕地球的轨道。它的高度为200千米或更低，轨道周期约为84~127分钟。由于大气阻力，航天器低于160千米，将会非常快地衰减轨道和降低高度，坠毁在地球上空。

火箭按重量分类表

火箭类型	运载重量(吨)	目标轨道
探空火箭		亚轨道
小型火箭	2	低地球轨道
中型火箭	2~20	低地球轨道
大型火箭	20~50	低地球轨道
重型火箭	50~100	低地球轨道
超重型火箭	100 以上	低地球轨道

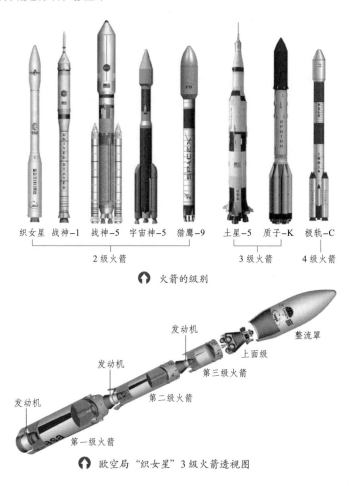

织女星　战神-1　战神-5　宇宙神-5　猎鹰-9　　土星-5　质子-K　极轨-C

2级火箭　　　　　　　　　　3级火箭　　4级火箭

↑　火箭的级别

整流罩

发动机

上面级

发动机

第三级火箭

发动机

第二级火箭

第一级火箭

↑　欧空局"织女星"3级火箭透视图

运载火箭怎样飞向太空，进入太空呢？

在当初的技术条件下，一般火箭发动机的喷气速度最大只能是2.5千米/秒，即使用液氢液氧作推进剂，火箭前进的最大速度也只有4.5千米/秒。火箭若要冲破地球引力，把卫星送上几百或几万千米的太空，用单级火箭是很难达到的。

现代航天学和火箭理论的奠基人，苏联科学家齐奥尔科夫斯基一拍脑袋："哎，如果将几枚火箭串联起来，分为几级火箭，一级接一级点火，那不就能突破地球引力了吗？"根据齐奥尔科夫斯基的多级火箭理论，多级火箭接力飞行，火箭的速度可以达到7.9千米/秒，即第一宇宙速度，进入太空。

运载火箭几乎都是多级火箭，由2~4级火箭组成。每一级火箭都包括箭体结构、推进系统和飞行控制系统。末级有仪器舱，内装制导与控制系统、遥测系统、安全自毁系统和其他附加系统。

运载火箭将各个系统和组件分别放置在各级的适当部位。级与级之间靠级间段连接。卫星等航天器安装在任务舱的里面，外面套上整流罩。

运载火箭负责运载各种航天器和宇航员。运载火箭会根据实际情况采用大小长短不同的整流罩。

运载火箭的结构可以分为4大舱段。

任务舱段：它位于火箭的头部，装载卫星、飞船、空间站、太空探测器等航天器和宇航员。它的外部是流线型的整流罩，保护航天器并减少空气阻力。当火箭飞出大气层时，自动分离抛掉。

控制舱段：它是火箭的指挥中枢，在火箭的内部。飞行控制仪器主要有通信系统、制导系统、姿态控制系统、电源和配电等系统。它们控制运载火箭保持一定姿态，确保按正确的航线、轨道飞行。

燃料舱段：它在火箭的内部，装载推进剂。它占去运载火箭体积的大部分、总重量的80%~90%。为了增大装载能力，贮箱造型设计成球形，材料越轻越好，强度越高越好，一般多采用高强度铝合金材料制成。

火箭的结构：一枚双星发射的2级火箭结构图

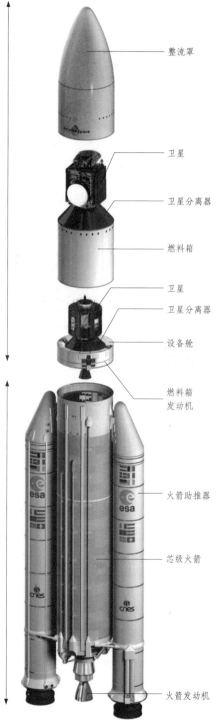

第二级火箭 / 第一级火箭

整流罩 / 卫星 / 卫星分离器 / 燃料箱 / 卫星 / 卫星分离器 / 设备舱 / 燃料箱 发动机 / 火箭助推器 / 芯级火箭 / 火箭发动机

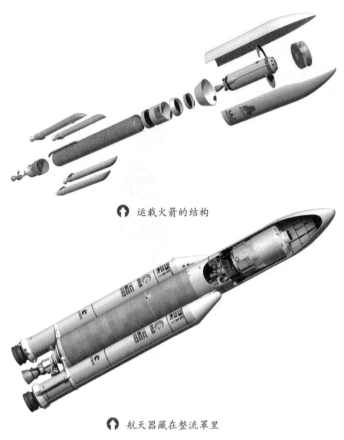

推进舱段：它位于火箭的后部，主要安装了发动机等。有的火箭在外部安装尾翼。在发射前，运载火箭通过它与发射架相连。在发射后的飞行过程中，它保持外形完整和稳定飞行轨道。

运载火箭的主要系统有：箭体结构系统、推进系统、控制系统、遥测系统、外弹道测量系统、安全系统、瞄准系统等。

箭体结构系统——运载火箭的"身体"，主要由箭体、外壳、连接器等组成。它将火箭的各个系统、组件连接组合成一个整体。

运载火箭的结构

航天器藏在整流罩里

推进系统——运载火箭的"肌肉"。火箭发动机是火箭的"心脏"，它燃烧产生喷气推力，推动火箭飞行和获得一定速度。

控制系统——火箭的"大脑"，控制火箭沿预定轨道正常可靠飞行。控制系统由制导与导航系统、姿态控制系统、电源供配电和时序控制系统三大部分组成。

遥测系统——运载火箭的"神经"。它把火箭飞行中各系统的参数记录下来，并将这些参数用无线电送回飞控中心和地面测控站，指挥飞行。

外弹道测量系统——运载火箭的"感觉"。在飞行中，它利用地面的光学和无线电设备，跟踪、测量火箭的飞行参数，用来预报航天器的飞行轨道参数。

安全系统——运载火箭的"心眼"。当火箭在飞行中出现飞行姿态、飞行

速度错误不能继续飞行时，安全系统的计算机就给自毁系统下达指令，将火箭空中炸毁，以免火箭坠落地面造成灾难。

瞄准系统——运载火箭的"眼睛"。瞄准系统包括地面瞄准设备和运载火箭上的瞄准设备。火箭发射前，它进行初始方位瞄准定向，保证火箭沿着轨道精确飞行。

↑ 运载火箭各个系统的透视图

串联火箭是指将各级火箭依次同轴串联在一起的，纵向连接的多级运载火箭。串联火箭一般都是第一级火箭粗壮，第二级火箭苗条和短小一点儿，第三级火箭更短小一点儿。有时，火箭最上面还有一个上面级，用于将航天器送入轨道和分离航天器。

如果火箭发射的航天器比较重，可以在一枚单级火箭外围安装几枚小火箭，组成并联火箭，中国称之为捆绑式火箭。并联火箭是将多枚火箭助推器并排或环绕芯级火箭，并联起来一起发射的火箭。

并联火箭中间的大火箭称为芯级火箭。并排或环绕捆绑的火箭称为助推器。助推器

联盟　质子　德尔塔-3　宇宙神-H　阿丽亚娜-5　H-2B　静止-3

↑ 串并联火箭

大力神-4　能源　猎鹰重型　长征-5　太空发射系统-1　太空发射系统-2

↑ 重型火箭

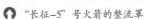
"长征-5"号火箭的整流罩　　　　　　　　俄罗斯"质子"号火箭

可以是固体或液体火箭，数量可根据运载能力大小和需要来选择。俄罗斯的"质子"号采用1枚芯级火箭加6枚助推器结构。美国"德尔塔-2"号则使用了9枚助推器。并联火箭可分别或同时点火，产生更大的推力。

　　串并联火箭是指芯级火箭由2~3级火箭组成，火箭助推器环绕周围。大型、重型火箭几乎都是串并联火箭。由于串并联火箭推力大，主要用来发射较重的航天器。苏联早期发射的"东方"号、俄罗斯的"联盟"号和"质子"号、美国的"猎鹰-重型"号、欧空局的"阿丽亚娜"号、日本的"H-2B"号、中国的"长征-2E"与"长征-2F"号都是串并联火箭。

　　为什么火箭都是尖尖的呢？

　　为了符合空气动力学、航天动力学和弹道学等原理，火箭头部的整流罩都呈圆筒尖头的流线型。整流罩有保护卫星、避免温度差异、避免灰尘和毒气、减少空气阻力和保证星箭分离等作用。整流罩的造型各种各样，非常漂亮。

　　当发射载人飞船时，会在整流罩上再加装一个逃逸火箭。逃逸火箭又称为逃逸塔。如果发射失败，逃逸火箭会立刻点火，将宇航员弹射出去，打开降落伞逃生。

　　火箭发动机号称"火箭的心脏"。

　　根据运载火箭的功能和任务，火箭发动机分为液体火箭发动机、固体火箭发动机等。

　　液体火箭发动机一般由推力室、推进剂供应系统、发动机控制系统组成。液体火箭发动机的推力室是火箭发动机的重要部件。它的点火器负责为液体推进剂点火，产生燃烧，将推进剂转变成推进力。

美国"土星-5"号使用的"F-1"火箭发动机

推力室由推进剂喷嘴、燃烧室、喷管组件等组成。推进剂通过喷注器喷入燃烧室，经雾化、蒸发、混合和燃烧等过程，产生燃烧爆炸。火焰和气体以 2 500~5 000 米/秒的速度从喷管中冲出，产生推力。燃烧室内压可达 200 个大气压，温度 3 000℃~4 000℃。当火箭点火，大量的火焰从喷管中喷射而出，火箭直冲云霄，发出惊天动地的震动和声浪，十分壮观。

液体火箭发动机的优点是点火容易、推进剂输送快、重复起动快、推进力大。它的缺点是结构复杂、安全系数低、容易爆炸等。

固体火箭发动机使用固体推进剂。它由推进剂药柱、燃烧室、喷管组件和点火装置等组成。发动机高强度合金钢、钛合金，以及复合材料制造。

固体火箭发动机的优点是结构简单、容易点火、推进剂密度大、安全系数高、操作方便等。它的缺点是工作时间短、重复起动困难、添加推进剂困难。

推进剂，就是火箭的燃料，分为液体推进剂和固体推进剂。中国古代的火药就是固体推进剂。

液体推进剂分为燃烧剂和氧化剂。燃烧剂用于快速燃烧，产生大量热量和推力。氧化剂用于助燃，快速产生推力。

燃烧剂可以是精炼煤油、液态氢、偏二甲肼。氧化剂主要是液态氧、四氧化二氮、过氧化氢。平时，燃烧剂与氧化剂不能混合在一起，必须储存在不同的储箱中。当火箭发射时，才将它们混合。

液体推进剂的优点是比冲高、推力范围大、能反复起动、能控制推力大小、工作时间较长等。它的缺点是需要临时加注推进剂，非常容易爆炸，并且有的有剧毒，危险性大，用量也很大。若将 1 千克重量送入轨道，火箭就得消耗 62 千克液体推进剂。

固体推进剂主要有聚氨酯、聚丁二烯、端羟基聚丁二烯、硝酸酯增塑聚醚，以及多种固体推进剂混合的复合推进剂等。固体推进剂外观很像柏油，摸起来有点弹性。

一种固体推进剂——药柱

固体推进剂简称为药柱。药柱是由固体推进剂与少量添加剂制成的中空圆柱体，中空部分为燃烧面。药柱的横截面形状可为圆形、星形、管形、十字形等，直径5~60毫米。当药柱进入燃烧室中燃烧，燃烧室将达到2 500℃~3 500℃的高温和极高压力，产生巨大的爆发力。

世界上最高、最重、最强大的火箭是哪个呢？

美国宇航局、美国联合发射联盟、美国蓝色起源公司、美国太空探索公司在国内展开了一场场登陆月球、火星、小行星的竞赛，重型

1.药柱进入燃烧室

2.药柱被点燃

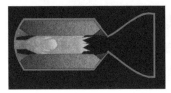

3.药柱燃烧爆炸

4.药柱产生高温高压，喷射而出

固体推进剂燃烧过程

火箭与超重型火箭也展开了竞赛。

2011年，美国宇航局号称："太空发射系统"重型运载火箭是世界上最高、最重、最强大的火箭。它是一种2级火箭，低轨道运载能力达到95~130吨，造价350亿美元。

"太空发射系统"分为"太空发射系统"载人火箭和"太空发射系统"货运火箭，包括"太空发射系统-1"、"太空发射系统-1B"载人火箭、"太空发射系统-1B"货运火箭、"太空发射系统-2"货运火箭。

"太空发射系统"载人火箭能搭乘4名宇航员。目的地是月球、火星、小行星和绝大多数拉格朗日点。如果必要的话，它还支持前往国际空间站。"太空发射系统"重型运载火箭原计划2020年6月进行首次发射。

"太空发射系统"货运火箭是美国宇航局开发的新一代货运火箭。它的任务是运送登月和行星际飞行的登陆舱等货物。"太空发射系统"货运火箭计划

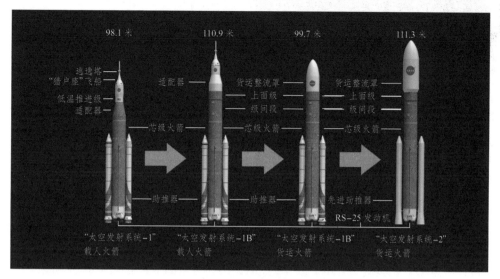

🔊 "太空发射系统"家族的4种火箭型号

2024年8月首次发射，前往火星。届时，一场火星飞船与火星登陆舱在太空对接的大戏将上演。

玩互联网，更要玩火箭！

1964年1月12日，在美国新墨西哥州阿尔伯克基出生了一个小男孩——杰夫·贝索斯。他从小聪明胆大，特别调皮捣蛋，在得克萨斯州的休斯敦长大。休斯敦，美国宇航局约翰逊航天中心所在地，号称"火箭城"。

贝索斯从小耳濡目染，立志报效宇航事业。1986年，贝索斯毕业于普林斯顿大学，拥有电气工程和计算机科学学位。1986年至1994年初，他在华尔街从事各种相关领域的工作，但从来没有忘记太空和宇航。

贝索斯认为：拥有金钱和财富是人生的一大理想，为人类和未来做出贡献才是人生的最大愿望和理想。

2000年，贝索斯创办了第一家航天公司——蓝色起源公司，致力于开发航天技术，大大降低成本和提高可靠性，目标是让人类尽早进入太空。

2015年，蓝色起源公司第一枚火箭试飞成功，第一次到达了太空。同年，蓝色起源公司宣布：我们将研制和飞行自己的重型运载火箭——"新格伦"号，从佛罗里达州海岸飞上太空，登陆月球、火星、小行星和飞向深空。

2016年，蓝色起源公司的"新谢泼德"火箭进行了8次发射，全部成功。

蓝色起源公司是一家航天制造商和航天服务企业，总部设在华盛顿的肯特。公司名字的含义是：以蓝色行星——地球作为飞向太空的起点。蓝色起源公司鄙视模仿、抄袭，特别是假创新真造假的方法。它的座右铭是：一步一步，更狠更狠！

"新格伦"重型火箭

进行的4次飞行测试，都超过100千米高度，并成功返回和软着陆。

2017年7月27日，54岁的贝索斯成为世界上最富有的人。11月24日，他的财富第一次超过1 000亿美元。2018年3月6日，贝索斯正式被福布斯评为世界上最富有的人，净资产为1 120亿美元。2018年7月，他的净资产增加到1 500亿美元，被誉为"历史上最富有的人"。

目前，蓝色起源公司拥有一千多名员工，正在开发各种航天技术和太空技术，重点研发火箭动力垂直起飞和垂直着陆，进入轨道和太空。

美国宇航员约翰·格伦是美国第一位环绕地球飞行的宇航员。美国蓝色起源公司的"新格伦"火箭以宇航员约翰·格伦的名字命名。2017年9月，贝索斯投入了25亿美元，研制"新格伦"重型火箭。2018年，蓝色起源公司雇用各种火箭专家，包括60位以前在美国太空探索公司工作的工程师，主要集中研发"新格伦"火箭。

"新格伦"重型火箭是一种可重复使用的火箭。它的2级火箭高86米，3级火箭高99米，直径7米；运载能力为低轨道45吨，地球转移轨道13吨，燃料为液氢和液氧。

蓝色起源公司的野心很大，理想更大，一开始就研发重型火箭。"新格伦"重型火箭可与美国"土星-3""德尔塔-4""猎鹰-重型""火神"，以及中国"长征-5"比肩。贝索斯玩惯了互联网，也将火箭玩得越来越大。蓝色起源公司发誓要造一种世界上最大、最重、运载能力最强的火箭。美国宇航局感叹道：科技迅猛，后生可畏！

当听说美国蓝色起源公司也加入太空竞赛，美国太空探索公司老板马斯克沉不住气了。"哼，一个初出茅庐、乳臭未干的新公司也敢与我争夺火箭的冠军！我们必须奋起前行。"2017年9月，马斯克宣布：太空探索公司将开发下一代概念的可重复使用运载火箭和航天器系统。

美国太空探索公司打算提升整体航天技术，包括建造超重型火箭、月球飞船、火星飞船、着陆舱等航天器，完全替换所有现有的系统和

猎鹰-9 猎鹰-重型 新格伦 土星-5 太空发射 大猎鹰 星际
系统

🎧 "星际"超重型火箭与各种火箭比较

地面基础设施，增强快速回收、快速发射技术，以及在低地球轨道部署的零重力推进和转移技术。

最初，太空探索公司野心勃勃，设想了一个更大的超重型火箭——"星际"超重型火箭，作为发射星际航天器的火箭。2016年9月，马斯克提出这种"星际"超重型火箭设计，作为星际运输系统综合远景的一部分，费用100亿美元。以后，人类可以坐着飞机去月球和火星。

"星际"超重型火箭是一种2级火箭。它的芯级火箭高达122米，直径12米，宽17米，总重量10 500吨，低地球轨道运载能力800吨，其中可载重300吨，燃料500吨；进行太空加油后，到火星的运载能力可达到450吨。

马斯克说："星际"超重型火箭是一种世界上最大、最重、运载能力最强的火箭。

"太大了，太大了，咱们主要是发射，而不是玩比赛。"火箭专家向马斯克建议：目前，人类没有必要发射这么大的火箭，应该退而求其次，研制一种小一点儿的新火箭。2017年9月，马斯克宣布：新型火箭的名字是"大猎鹰"超重型火箭。

"大猎鹰"超重型火箭的芯级火箭高达106米，相当于35层楼高度，直径设计为9米。"大猎鹰"的宣传口号是：坐着飞机环球旅行，全球一小时到达。2017年，太空探索公司瞄准了火星中转和其他星际用途。"大猎鹰"超重型火箭的目标是：载人航天、地球轨道、月球轨道、星际轨道，以及地球上的飞行

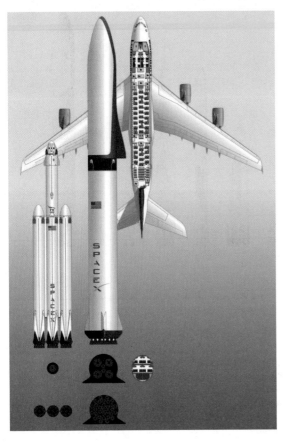

洲际客运："大猎鹰"火箭发射洲际飞机理想图

任务——洲际客运。

"大猎鹰"超重型火箭是美国太空探索公司的大手笔。这是一种重型运载火箭，低地球轨道运载能力可达150吨。2018年3月，太空探索公司开始制造"大猎鹰"火箭和飞船。

"大猎鹰"超重型火箭计划取代"猎鹰-9"和"猎鹰-重型"运载火箭，以及"龙"货运飞船。这些技术最初瞄准地球轨道发射市场，明确增加了大量的运载能力，支持月球和火星任务的长时间飞行。太空探索公司坚持火箭回收、完全可重复使用的火箭技术，意欲节约成本和完美设计。这将带来可观的成本节余，为公司提供设计和建造"大猎鹰"的费用。

2012年，太空探索公司开始研发的火箭发动机，将用于"大猎鹰"超重型火箭。这是完全可重复使用的火箭技术。按照国际价格，超重型火箭一次发射的成本为5亿~10亿美元。由于"大猎鹰"完全可重复使用，每次发射的成本仅为700万美元。这让太空探索公司拥有国际火箭发射市场的话语权和决定权。在登陆月球、火星和小行星方面，并不能带来经济利益，但能获得巨大的社会效益和至高无上的荣誉。

2016年，火箭发动机开始测试。2018年3月，第一艘火星飞船开始制造。2019年，"大猎鹰"开始第一次测试飞行。太空探索公司宣布了志向目标：2022年前，"大猎鹰"超重型火箭首发火星的货运飞行；2024年，"大猎鹰"超重型火箭第一次载人飞行，飞向火星，登陆火星。第一，比火箭的大小更重要！

美国太空探索公司拥有三张王牌：火箭回收、完全可重复使用技术；飞船回收、完全可重复使用技术；多星发射技术。这让太空探索公司在火箭发射国际市场上一骑绝尘，以极低价格包揽大部分民用卫星、重型卫星和超重型卫星等航天器发射的市场份额。太空探索公司的下一个目标是：火箭发射洲际飞机，开展洲际航行，抢夺洲际航行市场。

烽火燎原，群雄逐鹿。鹿死谁手，尚未可知。谁第一个登陆月球、火星和小行星？请拭目以待！

从第一枚运载火箭发射升空到今天才 60 多年。火箭的发展速度极快，但前途不妙、命运难料。目前，运载火箭仍是唯一航天运载工具，以化学火箭为代表的运载火箭已经达到速度和技术极限。

太空飞机等已经飞行成功，各种新型航天运载器即将诞生。未来，各种核动力、等离子、超导体、激光、光压、反物质等新概念推进技术和运载工具，将可能成为未来航天的主力。但无论任何火箭，飞天必须克服两大障碍：地球引力和空气阻力。

2.2 倒计时

火箭是怎样飞上太空的呢？科学家为火箭设计了一套飞行时间、动作的程序，称为飞行时序。

当火箭点火刚起飞时，第一级火箭的速度很慢，阻力很大。随着火箭进入对流层和平流层，速度加快，温度增高，第一级火箭燃烧完毕被抛弃。第二级火箭点火后，速度也从慢到快，温度越来越高时，火箭进入中间层，空气阻力开始减小，火箭速度更高而温度不再增高。当第二级火箭燃烧完毕，火箭已经飞过中间层，冲出 100 千米高度的卡门线。第三级火箭进入电离层，空气阻力越来越小，直至消失。

智慧和科技战胜了地球引力和空气阻力。10 分钟左右，火箭进入 200 多

第三级火箭与上 上面级火箭 星箭分离
面级火箭分离 入轨
第三级火箭发射
整流罩分离
第二级火箭分离
第一级火箭分离
发射

飞行时序

千米的轨道，真正进入太空了。

火箭发射充满了风险和荣耀。一枚火箭好不好，要看以下三项指标：安全性、可靠性和成功率。以前，火箭发射的成功率为 92% 左右，这就十分值得庆幸了。近几年，火箭发射的成功率越来越高。

火箭发射可分为成功、部分成功和失败。卫星发射也可分为成功、部分成功和失败。火箭发射成功，卫星发射不一定成功。有的卫星没有打开太阳能帆板，没有了电力，只好等着成为"太空垃圾"；有的通信系统坏了，成了"哑巴"。火箭发射失败，卫星不一定失败。火箭只要突破卡门线，大部分卫星会利用自身的燃料和火箭，慢慢爬上自己的轨道，死里逃生。

科学家希望每一枚火箭都发射成功，也希望每颗卫星都一路走好。

科技谱写荣耀！祝火箭一路顺风！

两颗"伽利略"导航卫星

全体注意：发射进入倒计时！"

2016 年 5 月 24 日，欧洲太空局在法属圭亚那的库鲁航天中心，发射了两颗"伽利略"导航卫星。俄罗斯的"联盟–ST–B/巡洋舰–MT"号火箭承担发射任务。

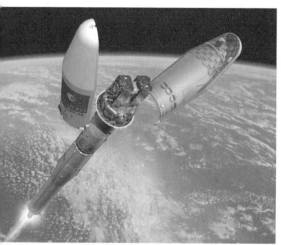

火箭飞入太空，整流罩分离

第一级火箭与上面级火箭分离，"巡洋舰"点火

"巡洋舰"继续飞行，两颗卫星分离

两颗卫星飞向各自轨道

"联盟"号火箭高度 46.3 米，直径 2.95 米，重 312 吨，2 级火箭，最上面还有一个"巡洋舰"上面级火箭。"联盟"号的推进剂中，燃烧剂为精炼煤油，氧化剂为液态氧。发动机推力 19.85 千牛，比冲 333.2 秒，燃烧时间 1 100 秒。

"10、9、8、7、6、5、4、3、2、1、发射！"

8 时 48 分 43 秒，"联盟"号火箭起飞，飞向太空，飞向未来，飞向梦想。

2.3 玩的就是高科技

一枚私人火箭，一艘私人飞船，一个令人激奋的梦想。穷小子马斯克靠个人奋斗，30 岁成为美国亿万富翁。

私人能建造火箭吗？ 2002 年 6 月，马斯克投资 1 亿美元，创建了美国太空探索公司。2008 年 9 月 28 日，马斯克的第一枚火箭——"猎鹰-1"号发射成功。2010 年 12 月 8 日，马斯克的第一艘货运飞船——"龙"号发射成功。2018 年 2 月 6 日，马斯克的第一枚重型火箭——"猎鹰-重型"发射成功，将一辆"特拉斯"跑车送上太空。

在这么短的时间，以最少的人，花最少的钱，马斯克就研制成功火箭和飞船，简直不可思议。这是一个航天大国都很难做到的。现在，美国太空探索公司拥有 5 个系列"猎鹰"火箭，可回收使用。他还建造了货运飞船、载人飞船、登月飞船和火星飞船。马斯克说："我已经开始准备登月和登陆火星。"

火箭回收,是一项重要的航天技术。一枚火箭少则几千万美元，多则几亿美元。现在，几乎所有火箭都是

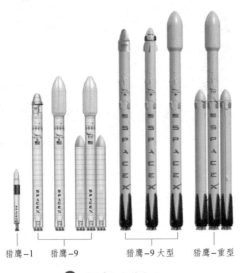

猎鹰-1　猎鹰-9　　　猎鹰-9 大型　猎鹰-重型

🚀 "猎鹰"火箭家族

一次性发射，火箭残骸从天而降，摔成碎片。这就好比人们乘坐飞机旅行，到达目的地后，飞机就报废成为废铁。这简直太奢侈、太浪费了。

如果火箭能回收该多好啊！回收成功的话，将火箭修整一下，再加上20万美元的燃料费，只占原来成本的0.37%。每次发射成本就仅仅几百万美元，至少可降低火箭发射成本约80%。

回收火箭，这个设想非常美丽，但做起来非常艰难。这关系到许多航天技术，特别是测控能力。马斯克宣称：人家做不到，我们能做到！

2016年4月8日，"猎鹰-9"号火箭从佛罗里达州卡纳维拉尔角空军基地升空。这是"猎鹰-9"号第23次飞行，将"龙"号货运飞船送上太空，为国际空间站运送补充物资。美国太空探索公司希望这次火箭发射成功后，第一级火箭再降落到海上平台上，回收火箭。

大约10分钟后，"龙"号飞船与火箭成功分离，进入预定轨道。第一级火箭自动从天而降，尾部朝下，伸出4个富有弹性的爪子。这次着陆精度要求在10米以内。最后一秒钟，火箭喷射火焰，垂直降落，稳稳地软着陆在平台上，而且几乎降落在平台正中心。"猎鹰-9"号火箭回收成功——偏差不到1米。

"猎鹰-9"号成功回收，意味着廉价航天时代到来。

"猎鹰-9"号为可重复使用的火箭开辟了光辉的道路。

"猎鹰-9"号火箭发射瞬间

"猎鹰-9"号火箭回收成功，两个支架超出黄线一点点

　　火箭回收，是世界航天的一个重要里程碑，激荡心灵，意义重大。

　　火箭回收，给世界航天带来福音和发展。火箭将进入廉价时代，但也给火箭商业发射带来毁灭性打击。那些梦想利用火箭发射赚钱的公司和国家，被当头棒喝，面临非常重大的挑战。

　　火箭发射的价格贵吗？火箭发射的价格主要以重量计算。国际商业发射报价：500千克重量的卫星，每千克3万~5万美元。马斯克宣布："猎鹰-9"号火箭回收后可重复发射100次。每次低轨道发射费用仅500万~700万美元，每千克发射价格也大大降低。

　　这时，谁还会"只选贵的，不选对的"呢？

　　许多火箭公司惊叹道："玩儿完了！赚不到钱了！这简直是一场浩劫！"

　　"上帝啊！救救我们吧！"

　　马斯克说："这年头，玩儿的就是高科技！"

第**3**章
越生死线
>>>

太空辐射能改变和摧毁人体细胞。太阳高能粒子会轰击和致盲航天器。电离层闪烁能影响和阻断通信信号。太空碎片会瞬间击毁航天器。在太空里的感觉什么样？为什么宇航员在太空吵架？宇航服隐藏多少秘密？

3.1 害你没商量——太空天气

每当飞天之前，指挥官都会叮咛道："各位宇航员们，飞船即将发射，飞越生命线了！这是最不能忍受、美妙又痛苦的一段时光。太空是一个危险的空间。你们必须知道太空天气、太空失重和太空疾病的危险。咱们共同战胜危险吧！祝各位安全返航，回到地球的怀抱！"

太空天气是什么？

太空天气是指不断变化的太空环境。

太空天气主要包括太空辐射、高层大气、电离层和太空碎片四大危险。太空天气受太阳、等离子、磁场、辐射、地磁、其他物质，以及在太阳系中的位置等的影响。地球引力、太阳光压和大气密度也可诱导在低地球轨道上飞行的航天器降低高度和快速坠毁，如国际空间站每个月下降2千米，两个月左右就需要提高一次高度。

太空好像一幅优美的画卷，但充满危险

太阳活动引起的太

阳风暴、太阳辐射、太阳高能粒子可能会致盲航天器上的传感器，或干扰航天电子设备。在航天史上，许多卫星和航天器曾遭受太阳高能粒子的轰击，有的变瞎、变哑、变聋，有的甚至丢掉了小命，成为太空垃圾。

　　宇航员在太空飞行要遭受太空天气的考验。当发射卫星、载人飞船等航天器的时候，都必须预先了解太空天气预报。这如同人们出门前预先了解天气预报一样：温度高不高，会不会下雨，要不要带伞。

　　太空天气对太空探索和宇宙航行会产生深远的影响。

　　什么是太空辐射呢？

　　太空辐射是指宇宙射线的辐射。

　　太空辐射由地球辐射带、银河宇宙线和太阳宇宙线三部分组成。太空辐射的高低强弱变化受太阳活动影响。太空带电粒子辐射的能量很高，能够穿透物体直到物质的深处。

　　太空辐射对航天器和宇航员的影响很大。宇航员在太空所受辐射的量比地

⬆ 太空辐射

⬇ 太阳宇宙线

⬆ 地球辐射带

⬇ 银河宇宙线

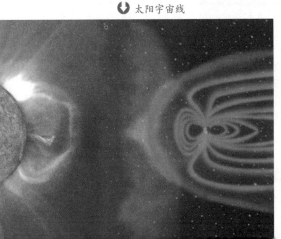

面人员的高出 100 倍甚至更多，并且高能重离子的生物效应更加明显。

如果宇航员出舱进行太空行走，必然遭受更多的太空辐射。如果遭遇太阳质子事件，那将非常危险。太空辐射致癌死亡率相当高。宇航员被视为从事放射性专业的人员。

为了安全，为了防止太空辐射，科学家会给飞船、航天飞机、空间站等安装 10~30 厘米厚的屏蔽外壳。宇航员穿戴舱内宇航服或舱外宇航服，尽量防止太空辐射、宇宙射线、高能质子对人体的影响。

什么是高层大气呢？

高层大气，是指地球电离层约 60 千米以上到大气层上界的区域。

高层大气存在电子、正离子和少量的负离子。根据昼夜、季节和纬度的变化，电离层会有较大的变化。

高层大气粒子受太阳辐射激发和太阳高能粒子的轰击，高层大气里的大气粒子速度很高。大气粒子能超越地球引力的束缚，逃离地球大气层。宇宙空间的气体粒子也有可能进入高层大气。

卫星等航天器一般运行在 260~10 000 千米的低轨道上。载人航天器一般运行在 240~450 千米的低轨道上。在这个高度，大气密度还较大，对飞船的阻力也较大。航天器保持轨道高度要依赖于高层大气的状态。高层大气中的氧原子具有很高的腐蚀性，会对航天器的表面材料造成损伤。

高层大气粒子

为此，航天器的外壳和表面材料，除了防热、保暖，还必须防腐蚀。

什么是电离层呢？

电离层是指约 60 千米至 1 000 多千米的电离区域。无线电通信就是利用电离层的特性传播的。

电离层存在很多自由电子和离子。它会改

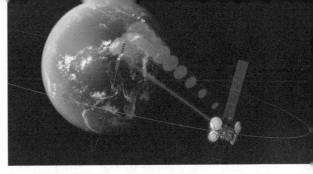

⬆ 地球的电离层　　　　　　　　⬆ 电离层会影响或破坏航天器通信

变无线电波的传播速度，使其发生折射、反射和散射，产生极化面的旋转，信号变形或变没了。电离层会吸收无线电波，将无线电波变得非常微弱，甚至接收不到。

　　电离层对卫星等航天器的影响主要有以下两种。

　　第一种：减弱卫星导航定位和测控系统的信号。电离层闪烁会影响卫星的导航定位，强烈的闪烁甚至会导致信号丢失。

　　第二种：减弱短波、微波通信信号。短波和微波信号会被电离层反射。当通信频率超过当时电离层所允许的频率时，信号将穿过电离层，射向茫茫太空。卫星与地面通信将断断续续，甚至接收不到信号，发生通信障碍。

　　什么是太空碎片呢？

　　太空碎片，又被称为太空垃圾，是指人类在太空活动过程中遗留在太空的废弃物。

　　太空碎片包括：火箭的末级发动机、报废的航天器、航天器爆炸产生的碎片，宇航员丢失的扳手、手套、螺丝、螺帽等。据科学家报告，截至 2017 年底，大约有 4 500 吨太空碎片环绕地球飞行。

　　太空碎片也是按第一宇宙速度飞行的，即每秒 7.9 千米。民航客机的巡航速度大约每秒 222 米；手枪子弹的初速每秒不超过 500 米；机关炮发射炮弹的初速每秒 1 000 米。

⬇ 太空碎片　　　　　　　　　⬇ 被太空碎片击穿的航天器外壳

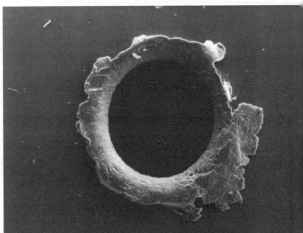

↑ 报废的火箭发动机掉到森林

太空碎片速度极快，能瞬间击毁航天器，对航天器的可靠性和安全性构成严重威胁。如果太空碎片撞击航天器，将会给航天器带来多方面的危害，甚至是致命的危害。

各种大小不等的太空碎片会对航天器的不同部分产生多种损害。微小碎片累积效应会改变敏感元件的性能，撞击产生的等离子体会破坏航天器供电系统。航天器受较大太空碎片撞击会导致穿孔、爆炸、破裂，甚至结构解体。

怎样预报太空天气呢？

太空天气关系到航天飞行的安全、稳定和成败。科学家在太空部署监测卫星，在地面建设天线、雷达等检测设备，建立天地一体化探测体系，分析、预

Extreme Event: 2003−10−26 00h−2003−11−06 24h

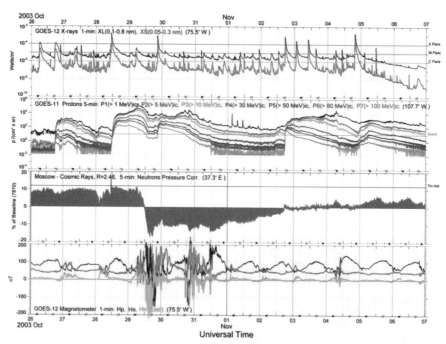

↑ 美国"戈斯"气象卫星的太空天气监测图

警和预报太空天气，保障航天、航空、军事和国民生产的安全。

美国、俄罗斯和中国都建立了太空天气监测预警中心，每天都会发布太空天气预报，对可能发生的太空天气变化进行预报和预警。每当要进行太空发射时，决定发射命令的不是司令官，而是太空天气专家。

太空天气预报对规避和预防工作提供建议，保障火箭发射、卫星、飞船、空间站、太空飞机、太空探测器等航天器和宇航员的安全。每当太空天气不良时，太空天气专家会发布指令，为各种航天器提出最佳建议，紧急避难。

 # 3.2 不能承受的轻——太空失重

失重是指物体在太空中微重量的状态。

失重，正式名称为微重力、零重力，从航天科学和严格意义上来说应该是微重量。

地球表面为1G重力环境。在国际空间站上，你仍然可以感受到地球引力。在近地太空中，地球引力很小，宇航员可以说比一根羽毛还轻。因为重力极小，在微重量的太空，任何东西都能随处飘动。

在微重量环境中，飞船环绕地球轨道飞行，人类会体验到一个奇妙现象——失重。短期失重将导致宇航员出现太空适应综合征，前庭神经系统紊乱，引起恶心。长期失重会导致多种健康问题，最重要的是骨量丢失，其中一些是永久性的。失重还会导致肌肉和心血管组织明显失调。

在太空中，宇航员一般只能吃半流体、软糊状、果冻一样的食物，块状食物，以及脱水肉。如果宇航员想改善一下生活，在流体食物中撒盐和胡椒粉等调味品时，要十分注意自己的动作。喷撒的颗粒会随处飘散，让鼻子发痒；粉尘还可能阻塞飞船出气口。

颠倒着也能工作

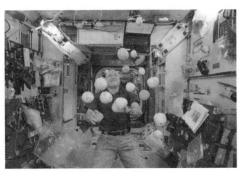

"技艺"高超

坐在空中看电视

在太空里，任何水分都会迅速汽化。舌头上、鼻中和眼中的水一会儿就没了。男儿有泪不轻弹，所有人都能做到。

在失重环境下，火焰有什么变化呢？空间站宇航员用一支蜡烛做了试验：蜡烛点着后，火苗没有向上蹿腾，而是向四周蔓延；颜色也不是地球上的红色，而是蓝色。

如果在空间站里将一杯水泼向空中。你猜会怎么样？水会立刻聚成一团，成为一个水球，飘浮在空中。空气能在水球中间停留，像一颗颗珍珠，不会消失。水球不是很圆，稍微有点儿长。那是因为空间站飞得不是很高，还有一点儿地球引力。

水球中的影像

在太空中，水球更有趣。美籍华裔宇航员、"远征－10"远征队指挥官焦立中将一个水球飘浮在国际空间站。由于光的折射或弯曲，他的头像上下颠倒。在地球上，会观察到同样的影像，但水球不会飘浮。

宇航员的大小便相当成问题。美国宇航局曾试图在宇航服内加上一个

"卫生间"：为男宇航员准备一个合身的与膀胱相连的气球，为女宇航员准备了小碗。但宇航员总不能一天到晚随身携带一个"卫生间"吧！最终选择了放弃。

美国人发明了尿不湿，彻底解决了小便的问题。"我比我的孩子还小。我需要尿布。"宇航员每天都得夹着一块尿布，非常不是滋味。一个大人夹着一块尿布小便，可是一个相当有难度的技术活。宇航员必须学会当婴儿，随时随地撒尿。幸好便秘成了宇航员的流行病，虽然减少了大便的次数，但增加了难度。

3.3 星空不宁静——太空疾病

人类的生理适应了在地球上生活。为了太空探索，为了追求真理，为了未来，人类才不得不冒险进入太空。

太空飞行会对人体造成很多不良影响。长期失重最重要的不良影响是肌肉萎缩、骨质疏松。宇航员的身体还会受到心血管系统功能减缓，红细胞减少、平衡失调和免疫系统削弱的影响。较轻的症状包括：流体再分配，引起满月脸出现、体重减轻、鼻塞、睡眠障碍和过度胀气。这些现象在宇航员返回地球后，可以快速扭转。

在太空中，影响身体健康最重要的因素是失重。人在这种环境中生活，主要有以下三个方面的影响：心理功能障碍、液体分布变化和肌肉骨骼系统的恶化。虽然温度和辐射也会带来风险，但最大的威胁来自氧气压力不足。

太空飞行面临很大困难。如果 9~12 秒没有氧气，宇航员大脑就会丧失意识；2 分钟没有氧气就会死亡。如果压力太低，血液和其他体液就会沸腾。血液沸腾，多么可怕的景象。如果宇航员在真空下暴露几分钟，太空辐射就可能对人体造成永久性伤害。

在飞行过程中，宇航员将经历超重、失重、振动、噪声、低压、缺氧、高低温差、电磁辐射、环境隔绝等太空环境。宇航员的身体会受到宇宙辐射的威胁，心理和生理上也会变化。如果宇航员在太空飞行一个月以上，可能会出现心理功能障碍、心血管功能障碍、太空运动病、骨质疏松、肌肉萎缩、内分泌系统功能紊乱等疾病或症状。

1. 心理功能障碍

"鲍里斯，上面情况怎么样？"地面控制中心呼叫。"没什么好说的！""请说一下，情况怎么样？""我又不是你爹！"

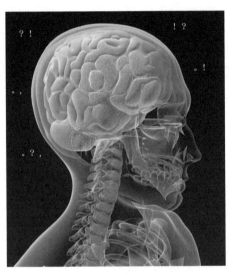

心理功能障碍

"维塔利，你监测那颗小卫星了吗？""没有！""为什么不监测小卫星的轨迹？""真烦！老子现在没空……"

1976 年 7 月 6 日，苏联宇航员鲍里斯、维塔利乘坐"联盟–21"号飞船进入"礼炮–5"号空间站。两位宇航员的任务很艰巨，都是军事实验，包括施放一颗绝密小卫星。在地球上时，鲍里斯和维塔利都有好性格和好脾气。谁知在太空待了一段时间，他俩的性情大变。

因为心理失衡，有的宇航员曾在飞船上骂过娘，有的宇航员与地面控制中心争吵，有的宇航员误操作或操作不当撞坏飞船等。

在太空飞行，宇航员因环境拥挤、空气污浊、失去重力、工作劳累等，很容易引起不适感，对中枢神经系统影响很大，产生不良心理变化。这被称为心理功能障碍。心理功能障碍表现为忧虑、焦躁、厌烦、抑郁、孤独、记忆力衰退、缺乏工作兴趣。

宇航医学专家发现，宇航员具有非常恶劣的心理疾病和精神状态。"鲍里斯、维塔利，请注意！地面控制中心命令你们结束工作，立刻返回地面。重复一遍……"鲍里斯和维塔利没有完成全部任务，提前返回地球。他们回到地面，喜笑颜开。"为什么你们在太空发火、说脏话，还骂人？""不知道！"

2. 心血管功能障碍

"报告，我感觉头昏脑涨，注意力不集中！""我感觉舌头不灵了，吐字不清，说话也变成大舌头了。你听我说一句'几利息台控（这里是太空）'。""我怎么老是胸闷，心跳加速，呼吸不畅，眼睛也睁不开，模糊了……"

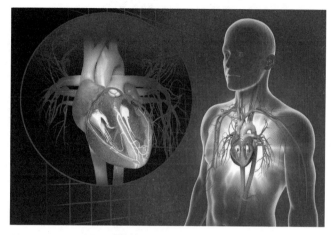

心血管功能障碍

这是怎么回事？心血管功能障碍！

水往低处流，在地球上是真理，在宇宙空间就是谬误。

在失重状态下，液体是往高处运动的。宇航员的血液向头部、胸部充盈增强，头部动脉压力升高，鼻子充血，呼吸不畅通，面部膨胀，头面部出现一定程度的肿胀，腿部容积却有减少。

当在太空中生活几天以后，宇航员的脸部显得很丰满，富于光泽，看上去似乎变胖了。当观看宇航员的近景照片时，会发现宇航员脸红脖子粗，青筋暴起，脸部肿胀，这被称为"太空脸"。这种情况，女宇航员更明显。

由于心血管功能障碍，血液不能合理分配和流动，可能引发心血管疾病，造成暂时性失明、眩晕等症状。宇航员血液不能合理循环，容易造成骨骼缺钙、肌肉萎缩，形成肾结石，导致内脏运动减速，同时心脏收缩。

这时，航天医生会叮嘱道：请你倒立几分钟，加强锻炼，不要多想！

3. 太空运动病

太空运动病又被称为宇航运动病、航天运动病、太空适应综合征。

人类的内耳包括听觉器官和平衡器官。内耳里面还有一个前庭器官，负责人体平衡、运动状态和人体感觉。由于在失重环境中，前庭器官功能紊乱，加

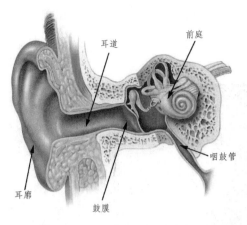

耳道
前庭
咽鼓管
耳廓
鼓膜

太空疾病: 前庭器官功能紊乱

之进入内耳的乱糟糟的信息, 会导致太空运动病的出现。

太空运动病的症状主要表现为头晕、头痛、目眩、心烦、厌食、恶心、呕吐、出汗、嗜睡、困倦、脸色苍白、肢体不适等。太空运动病与晕船晕车相似。如果患上太空运动病, 宇航员就会晕头转向、定向障碍、感觉不适、无精打采。

大多数宇航员都得过太空运动病。1961 年 8 月, 蒂托夫成为苏联第二位太空飞行的宇航员。他也是第一位患上太空运动病的宇航员。我国航天员杨利伟在执行"神舟–5"号飞行任务时, 总是感觉头朝下, 脚朝上, 飞船不是往前飞, 而是往后退。这就是定向障碍的一种表现。

前庭功能的好坏对宇航员的工作效率、身体健康和飞行安全很重要。为了减少太空运动病的出现, 宇航员在地面进行浪板、转椅、秋千训练, 或对耳部器官进行温度刺激等, 检查和锻炼前庭器官的敏感性和稳定性。宇航员在太空悬挂照片、图画, 尽量分辨上下、前后和左右, 也是一种避免出现太空运动病的方法。

令人惊奇的是: 当宇航员回到地面, 太空运动病会立刻消失。有的宇航员说: 我的心应该在天上, 身体在地球上。

4. 骨质疏松

天哪! 我的骨头疏松了!

由于失重, 宇航员的骨骼不再承受人体的重量, 运动量又大大减少, 减轻了对骨骼的刺激。同时, 骨骼中的矿物质丢失, 容易造成骨质疏松。这时, 如果动作过猛或姿势不对, 就可能造成骨折。

现在告诉你一个小秘密: 在微重量条件下, 人会很快长高, 相当高! 由于没有地球引力, 脊骨和骨骼承受的压力少了, 就会膨胀。如果长期生活在太空，绝大多数宇航员身高都会增加几厘米，最多的增高了 7 厘米。

为了预防骨质疏松，最好的方法就是进行体育锻炼。在太空的微重力下，宇航员打闹嬉戏，似乎非常好玩，其实是在锻炼身体。美国宇航员埃德加·米切尔曾在月球表面上投掷"标枪"。美国宇航员艾伦·谢泼德就在遍布陨石坑的月球表面玩高尔夫球。他们一面进行科学实验，一面锻炼身体。

到目前为止，全世界共 530 名宇航员飞上过太空，执行了 2 000 多次任务。非常庆幸，回到地球

太空体育锻炼

时，他们没有一个短胳膊少腿。当回到地球后，地球引力又将长高的部分"收回"了。身体又恢复到原来的模样。这是不是很遗憾呢？

5. 肌肉萎缩

由于长期处于失重状态，肌肉会出现萎缩。

在太空中，宇航员的活动和移动都非常轻松、飘逸，运动和搬运重物也不用花多少力气。宇航员跑一个马拉松，与跑 100 米的运动量差别不大。宇航员搬运 1 千克的重物，与搬运 1 吨的重物所消耗的热量也差不多。

由于肌肉不再对抗地球引力，所做的功大大减少，因此肌肉会出现萎缩变化，工作能力下降。在太空生活一段时间，宇航员重返地球之后，自己都很难站立和行走。"见鬼！我怎么感觉像踩在棉花上，没有一点儿脚踏实地的感觉。"他们都要在医护人员的搀扶下钻出返回舱。当然，也有少数宇航员自己从返回舱里一跃而起，蹦出来。

俗话说：上山容易下山难！对于

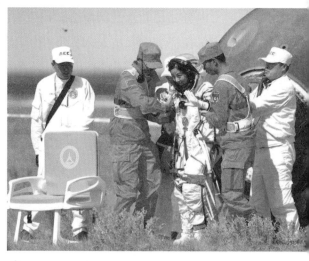

中国女宇航员王亚平在搀扶下走出返回舱

宇航员来说是"上天不易，回来更难"。返回地面后，适应地球生活也相当难。宇航员适应了太空失重的生活后，突然过上有引力的地球生活，非常不适应。宇航员报告说："上帝啊！我重返地球之后很难移动胳膊和大腿。我就好像一个刚出生的婴儿，一切必须从头学起！"这也就是将宇航员重回地球称为"第二次出生"的原因。

返回地球的宇航员在重新适应地球生活的过程中，感觉非常尴尬。"我去踢一个足球，足球没飞多远，自己却摔倒了。""我很郁闷：我到底是太空人，还是地球人？"

6. 内分泌系统功能紊乱

人体共有 8 大系统：运动系统、神经系统、内分泌系统、血液循环系统、呼吸系统、消化系统、泌尿系统、生殖系统。内分泌系统是一个重要系统。

内分泌系统分泌各种激素，与神经系统一起调节人体的代谢和生理功能。在正常情况下，内分泌系统是正常的，各种激素保持平衡。当进入失重的太空，人体内这种平衡就被打破了，会造成内分泌系统功能紊乱。

内分泌系统功能紊乱会出现烦躁、失眠、多梦、疲倦、头痛、无力、注意力不集中等症状，严重影响日常生活和工作。许多宇航员都抱怨：我好像天天无精打采，干活不着调，失去了高贵的形象和强大的尊严，好自卑啊！

内分泌功能紊乱甚至会影响生育和成长。美国宇航局曾做过一个试验：一批老鼠在怀孕期间被送入太空。由于在太空里，老鼠胎儿的内分泌系统功能紊乱，内耳在发育，还没有长成。当跟着妈妈回到地球后，小老鼠的平衡系统紊乱，走起路来好像是一群跌跌撞撞的"小醉鬼"，十分好笑。

太空充满风险。在太空的失重环境下，能怀孕生孩子吗？在太空里，怀孕比较困难。因为没有地球引力，精子和卵子也迷失了方向，不会运动了。目前为止，还没有人类在太空怀孕。日本进行过鱼类繁殖试验，诞生过后代，但不理想。这是一个科学难题！

3.4 飞天的保护神

"请穿上宇航服！戴上头盔！戴上手套！再穿上靴子！"

"请检查呼吸系统！请检查各个系统！请检查密闭系统！"

"报告，检查完毕，一切正常！"

为了保护生命安全，为了预防极高速度、极端温度、太空辐射、高层大气、电离层和太空碎片等危险，宇航员乘坐飞船，必须身穿宇航服才能飞上太空。如果搭乘太空飞机，宇航员就不必穿戴笨重的宇航服。

宇航服，又称为太空服，中国称为航天服。

宇航服是一种在太空、真空、微流星、太阳辐射和极端温度等恶劣环境中，保护宇航员生命的特种服装。

根据用途和功能，宇航服可分为地球宇航服、月球宇航服、火星宇航服、小行星宇航服等。由于地球、月球、火星和小行星等星球的大气、压力、温度、引力、环境等大不相同，宇航服也设计成不同款式，以适应各种环境。

根据环境，宇航服分为舱内宇航服和舱外宇航服。舱内宇航服比较简

⬆ "鹰"号舱外宇航服。1969年，苏联"联盟-4"号和"联盟-5"号飞船的宇航员就是穿着这种宇航服进行太空换位的

单，主要用于飞船内穿着。舱外宇航服比较笨重，主要用于太空行走。由于宇航员的身高体重各不相同，宇航服都是量身定做的。

根据压力，宇航服分为低压宇航服和高压宇航服。

根据结构，宇航服可分为软式宇航服、硬式宇航服和混合式宇航服。

宇航服包括压力服、头盔、手套、靴子等。宇航服里面有氧气系统、空调系统、循环系统、结构系统、密闭系统、通信系统、废物收集系统等。头盔由头盔壳、面窗结构和颈圈等部分构成。宇航服重30~40千克，价值上百万美元。

美国航天飞机逃生服

如果是舱外宇航服，还包括一个背包。背包又被称为便携式生命保障系统。它的里面安装了氧气系统、空调系统、循环系统、应急供氧系统、压力系统、通信系统、控制系统、电源系统、报警系统、遥测系统等。

宇航服采用软硬结合式设计，躯体和臂膀部分较硬，关节部分较软，便于宇航员活动和运动。

在航天器、宇宙飞船失压的情况下，宇航员身穿舱内宇航服可采取安全预防措施。在进行舱外活动、太空行走、太空漫步时，宇航员就必须身穿舱外宇航服，自由行动。

舱内宇航服的要求和标准很高。它必须具备很多功能，让宇航员安全舒适地生活和工作。

美国航天飞机1988—1998年使用宇航服

稳定的内部压力。宇航服内部的

压力仿真地球压力，以保持宇航员身体的压力平衡。如果气压过低，人体血液及身体组织内的气体会离开，患上减压病，血液瞬间沸腾而死亡。为了避免减压病，宇航员在进入太空之前必须呼吸纯氧。

流动的空气。宇航服通过压力流动空气。

呼吸氧气和二氧化碳消除功能。宇航服与便携式生命保障系统交换气体。它为宇航员提供氧气和空气，排解呼出的二氧化碳、湿气、臭气和体温等。

调节温度。在地球上，热量可以通过导热和对流进行传递。在太空中，没有空气，热量只能通过热辐射进行传递。由于地球一半是白天一半是黑夜，阳光和阴影之间的温度变化很大。宇航服完全绝缘，里面的空气温度保持在一个舒适的水平。它调节温度，保持宇航员体温。

"神舟"号舱内航天服：杨利伟在执行"神舟-5"号任务时穿的宇航服

实时通信。宇航服里的通信系统非常灵敏和极度安全。它与航天器实时通信。

废物收集。宇航服的废物收集系统拥有收集、处理固体和液体废物的功能。它实时处理宇航员的排泄物，如小便和汗水。

舱外宇航服是一个高科技的结晶。"麻雀虽小，五脏俱全"，它本身就是一个"小飞船"。舱外宇航服主要用于太空行走、太空工作和太空修理等，直接暴露在太空中。因此，舱外宇航服的设计要求和标准更高。

温度调节。舱外宇航服配备先进的温度调节系统，可保护航天员在舱

"金雕"舱外宇航服：1965年，苏联宇航员列昂诺夫曾穿着它进行第一次太空行走

外活动时，不受过热或过冷的环境侵袭，又可防止服装内部热量的散失。

屏蔽紫外线辐射。紫外线是太阳光辐射的一种射线。紫外线能消毒、杀灭细菌和病毒，促进新陈代谢，对人体有许多好处，所以要经常晒晒太阳。紫外线辐射又具有伤害性，紫外线太强就会烧伤皮肤，引发白内障和皮肤癌等。

屏蔽粒子辐射。粒子辐射是从恒星、太阳耀斑和日冕喷射出来的电子、质子和离子等各种粒子产生的辐射。粒子辐射会扰动地球磁场和电离层，地磁场发生弯曲，轰击南北极高空的大气粒子，产生极光。粒子辐射会摧毁人体神经和细胞等，十分危险。

灵活机动。舱外宇航服能用保险绳与飞船、卫星、空间站等航天器连在一起；还能离开航天器，单独飞行或机动，让宇航员拥有更大的自主权、自由权和灵活性。

防止微小流星体的侵袭。一些小微流星体速度高达 27 000 千米/时。舱外宇航服的外层必须耐穿刺，可抵御小微流星体的攻击。

👤 美国航天飞机和国际空间站舱外宇航服的正面

舱外宇航服作为生命保障的重要部分，保护宇航员抵御温度、辐射等极端环境。美国"阿波罗"宇航服包括 11 层：内层、液体冷却层、通风层、压力层、约束层、5 层铝绝缘层和防止微流星体的外层。

为什么宇航服要分为软式宇航服、硬式宇航服和混合式宇航服？

因为宇航员的工作和生活环境不一样，宇航服的设计和样子就不一样。这如同小朋友在家里穿便服，到学校就应该穿校服一样。

1. 软式宇航服

👤 美国航天飞机和国际空间站舱外宇航服

软式宇航服主要由坚韧、柔软的纺织物制成，但头盔等部位非常坚硬。所有的软式宇航服都有坚硬的部分，颈部、手腕、脚腕等部位甚至安装了坚硬的关节轴承。软式宇航服适合飞船、空间站内活动。

2. 硬式宇航服

硬式宇航服主要是舱外宇航服，用于太空行走。它主要由坚硬的外壳、金属或复合材料制成，没有纺织物，仿佛一只螃蟹的外壳。硬式宇航服的接头使用滚珠轴承和圆环形弯头。这样手臂和腿就可以运动了，各个关节保持恒定的体积，也没有任何反力。根据需要，宇航员可以调节、限制或锁定关节和位置。

3. 混合式宇航服

混合式宇航服拥有坚硬的外壳和结构,但弯曲和活动的部位非常柔软。美国宇航局的舱外宇航服采用坚硬的玻璃纤维制作躯干和纺织物制成四肢。有的混合式宇航服的躯干上部用柔软的纺织物制作，以减轻重量。

🌑 火星宇航服

你是否想问：宇航服穿着舒服吗？哦！相当不舒服，特别是硬式宇航服。请想象一下，你穿着一套螃蟹外壳一样的宇航服，会舒服吗？宇航服很重，穿在身上很难走路，非常不自由。在准备太空行走前，宇航员需要别人帮助，两个小时才能穿好硬式宇航服，非常麻烦。

宇航服将向着更牢、更轻、更先进的方向发展。

宇航服已经在太空飞行、太空行走、地球轨道、月球表面，以及从月球飞回地球等任务中大显身手，非常成功。

在未来 10 年内，人类将再次登陆月球和火星。在登陆过程中，月球尘埃、火星尘埃可能会残留在宇航服上。当宇航服被宇航员穿回到飞船里，粉尘会污染飞船。如果再带回地球，外星生物可能会污染地球。可见，宇航服就应抛弃在星球上，永不带回。

新型宇航服：舱内宇航服（左一、左二），舱外宇航服（右一、右二）

第**4**章
梦空间

>>>

一座火山爆发引起的阴谋，一座普通而奇怪的陨石坑，一个老鼠都不愿挖洞的破地方，一只寻找宇宙拼图的神眼，一个太空幽灵的猜想……。追梦，不论宏伟与渺小，成功都神圣而伟大。

 # 4.1 爱尔·基琼火山

　　和平，是人类努力追求的美好理想。幸福，是人类追求的永恒主题。由于傲慢与偏见，世界一直不太平。

　　科学家也没全部将科技和智慧用于发明创造，造福人民，而是用于制造杀人武器，甚至改变世界，无所不用其极。

　　瞧！又一件惊天动地的大事件发生了！

　　"报告！咱们的第一颗军事气象卫星，也是世界上第一颗军事气象卫星飞上天了。""咱们在太空有了气象员，也有了气象发言权。"

　　美国自20世纪60年代初就开始进行"国防"气象卫星计划。

　　🎧 美国"国防"气象卫星

在美国内布拉斯加州奥夫特空军基地，驻扎着美国空军作战司令部第55联队，内部称其为美国空军全球气象中心。第55联队的任务是接收"国防"气象卫星的信号，向美国国防部、美军指挥官提供及时、准确和可靠的全球气象信息、卫星云图和环境情景。美国空军全球气象中心利用互联网，迅速将全球各地的天气数据传播到其分布在全球的各个军事基地。

"国防"气象卫星大约重 1 200 千克，设计寿命 5 年。它装载了热像仪、微波成像仪与测深仪、紫外成像仪、紫外线光谱成像仪、热等离子体分析仪、沉淀粒子谱仪和激光威胁预警传感器等科学仪器。

"国防"气象卫星运行在太阳同步轨道，飞经南北两极。卫星每天会看到同一个地方的不同气象。卫星环绕地球一圈大约需要 101 分钟，24 小时环绕地球运行 14.3 次。

在冷战时期和反恐战争时期，"国防"气象卫星"参与"过所有大大小小的战争和战斗。它曾为越南战争、"星球大战"计划、苏联解体、海湾战争、阿富汗战争、伊拉克战争、利比亚战争、叙利亚战争，以及反恐战争等"察言观色，出谋划策"，立下赫赫战功。

墨西哥，"玉米的故乡"、"仙人掌的国度"、"玛雅文化"的发源地。墨西哥东南部的恰帕斯州有一座休眠的火山——爱尔·基琼火山。

"国防"气象卫星的卫星云图

爱尔·基琼火山已经 22 万岁了，是一个熔岩穹顶的锥形火山，高 1150 米。山顶上有一个宽 1.6 千米，长 2 千米的火山口。

大多数人认为：它是一座休眠火山，也可能是一座死火山。1980 年和 1981 年，爱尔·基琼地区曾经发生地震，周围地区都感觉到了地震。地质学家绘制了危险区域的地图，但是没有增加对爱尔·基琼火山的监测。

爱尔·基琼火山景色稀奇壮观，是旅游胜地，吸引了大批游客。

1982 年 2 月底，爱尔·基琼火山突然苏醒。

这座火山几百年聚集起来的巨大能量瞬间爆发。强烈的喷发摧毁了山顶的

爱尔·基琼火山喷发

熔岩穹顶，将整个山头削平。那些富含高浓度硫黄、硬石膏的炽热熔岩从深处喷涌而出。大地在颤抖，巨大的隆隆声传到100多千米以外。

炽热的岩浆、碎屑形成激流飞腾翻滚，像条条凶残无比的火龙，从地层深处喷涌而出，摧毁了火山周边8千米的区域，吞噬着周围的一切。火山爆发形成了一个新的1 000米宽、300米深的火山口，后来成为一个酸性火山湖。

霎时，大地笼罩在一片浓烟迷雾之中。喷发的火山灰和二氧化硫进入大气层，上升到20多千米的高空，形成一个3 000米厚的火山灰云层。

最恐怖的是，又黑又厚的灰云层横跨大西洋，从墨西哥一直弥漫到亚洲的沙特阿拉伯上空。

"上帝啊！太恐怖了，我吓死了！我不能呼吸，要憋死了！"

不久，爱尔·基琼火山又喷发了两次。在不到一周的时间内，爱尔·基琼火山喷发产生大量的二氧化硫和微粒进入大气。火山灰好像暴风雪一样横扫大地，覆盖了爱尔·基琼火山地区，厚度达到40厘米。

火山喷发的岩浆，堵塞附近河流，形成一个天然水坝——堰塞湖。湍急的大水猛涨蔓延，摧毁了拉哈斯市的重要基础设施。火山爆发造成24 000多万平方千米的农村受到严重影响，咖啡、可可、香蕉种植园和牧场遭到毁灭性打击。火山附近的9个村庄完全摧毁，造成2 000多人死亡。这次火山爆发造成的损失达5 500万美元。

爱尔·基琼火山一直喷发到1982年9月，对全球气候造成恶劣影响。这次火山爆发，共计700万吨二氧化硫和2 000万吨火山灰和颗粒物质进入10~50千米的平流层。据测定，火山灰高达80~100千米，几乎到达太空。

火山喷发削平了山头

炽热熔岩从地球深处喷涌而出

　　爱尔·基琼火山爆发是现代墨西哥历史上最大的火山灾害，20世纪最大的火山灾难之一。爱尔·基琼火山立刻闻名于世。

　　科学家认为：火山喷发比核武器爆炸还厉害，爱尔·基琼火山的喷发将引发"厄尔尼诺"现象，导致全球气候变化。

　　爱尔·基琼火山喷发，会怎样影响全球呢？科学家预测：1982年夏季，全球不会出现降温现象，因为"厄尔尼诺"发挥了巨大的补偿作用。1983年开始，爱尔·基琼火山喷发才会触发气候效应。

　　火山喷发造成气溶胶对大气风场的影响，造成气温变化，如"北极振荡"。火山喷发的第二年，北半球大陆的冬季变暖。北美、欧洲和西伯利亚的温度增加。冬天，阿拉斯加、格陵兰岛、中东地区、苏联和中国将经历比正常气温偏冷的变化。

　　爱尔·基琼火山喷发本是一场自然灾害，怎样利用这场自然灾害？一个阴谋出笼了！

> "厄尔尼诺"现象是一种气候异常现象。当太平洋东部和中部的热带海洋的海水温度持续变暖，整个世界气候发生变化，一些地区干旱，另一些地区又降雨太多。地球将遭遇多事之秋，一面是降温，一面是升温。

火山灰弥漫天空

4.2 "迷魂药" 计划

1981 年初，罗纳德·里根当上美国总统。美国战略专家向里根献策：一面对苏联态度强硬，一面设计暗算苏联，整垮苏联。1983 年 3 月 23 日，里根发表了著名的《战略防御计划》，提出了"星球大战"计划。

当年，冷战正如火如荼，高潮迭起。苏联的核武器、核潜艇、战略轰炸机、洲际导弹和太空武器等战略武器，以及航天技术都领先美国一步，更厉害、更强大。苏联一直采取进攻姿态，动不动就拿核武器说话，态度非常强硬，而且说到做到。因为研制了大量的高科技武器，花费了大量钱财，苏联已经陷入经济困难，民不聊生。

美国也拥有各种战略武器，但每天生活在忧患、恐惧和危机之中。美国深知苏联人历来性格暴躁、说话响亮、做事干脆，常常弄出非常邪恶和恐怖的武器，特别是太空武器。这吓得美国不敢大声说话，自叹不如。

怎样打破苏联的威胁呢？美国总统里根提出了"星球大战"计划，分为两大计划。

🔊 1983 年 3 月 23 日，里根总统提出"星球大战"计划

第一，反导计划。美国建立庞大的反导系统，从地面、海洋、空中和太空一起反导，保证美国战略核武器的生存能力，不被苏联打垮。美国在苏联周边部署各种核武器，建立强大的攻击能力和威慑能力，制服苏联。

第二，太空武器计划。美国拥有强大的科技实力和经济实力，研制各种最先进的防御和进攻型太空武器。如核能武器、激光武器、中子弹和粒子束武器等定向能武器，太空拦截弹、超高速电磁炮等动能武器。

🔊 美国粒子束武器

"星球大战"计划是一场世纪大骗局。

"星球大战"的真实目的是在苏联经济已经一塌糊涂、病入膏肓，到了崩溃边缘时，美国和北约等盟国团结起来，凭借强大的经济实力，通过太空竞赛、太空武器竞赛，将苏联的经济拖入深渊。

苏联经济一旦垮掉，苏联就完蛋了。

美国极力掩盖拖垮苏联经济这一招，不然苏联不上当。北约等盟国一起上阵，鼓噪"星球大战"计划，夸大太空武器的功能和效果，引诱苏联上钩。美国光说不练，净玩虚的，没花多少钱研制太空武器。

苏联真的上当了，制定了自己的"星球大战"计划，投入巨资研制各种新式武器和太空武器。苏联变成了一座军工厂。所有的武器和宇航设计局，全部投入太空武器的研制，新建设了几十个太空武器研究所。大把的钱都变成了一堆不能吃也不能用的高科技武器。老百姓钱包里的钱等于一叠废纸，在超市里买不到东西，连一个西红柿都要几十元，叫苦不迭。

美国气象专家分析了"国防"军事气象卫星、美国海洋与大气局的"诺阿"气象卫星的气象资料，得出一个结论：爱尔·基琼火山的喷发会造成20世纪罕见的巨大火山灰云层，必定影响全球气候。

根据"国防"、"诺阿"等气象卫星的报告，美国气象专家和农业专家预测：1983年，美国、加拿大的北美地区气候良好，平均气温上升1℃，粮食将增产上千万吨；苏联会出现气温下降、干旱，灾难性气候增多，粮食将大面积减产。怎么样利用这一预测和信息呢？

美国气象专家认为爱尔·基琼火山的喷发是一个千载难逢的好机会！"爱尔·基琼火山喷发会让全球气候变得非常奇妙。""爱尔·基琼火山喷发会让北美变暖，苏联变冷。""如果将气象和预测作为尖端武器，就可打败苏联。"

信息就是力量！

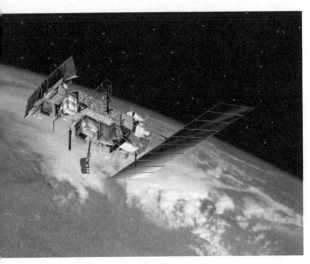

美国海洋与大气局的"诺阿"气象卫星

一个公开的阴谋开始了！为了配合里根总统的"星球大战"计划，美国战略专家利用气象卫星的调查、探测、侦察的结果，策划了一个小计划——"迷魂药"计划。这个计划的目标——掏空苏联的钱包。

"迷魂药"计划分为五步走：减少美国粮食出口；压低国际黄金价格；提高国际粮食价格；逼迫苏联低价抛售黄金；强迫苏联高价购买粮食。

美国战略专家偷偷笑了："如果计划成功，苏联的大钱包就要空了。"

1983年初，美国政府宣布：因粮食过剩、价格低迷，美国各粮食主产区三分之一的土地休耕一年。美国历来有土地休耕制度，但这次休耕得太多了。美国农民不干了："土地休耕得那么多，我们喝西北风啊？不可接受！"他们赶着牛羊、开着拖拉机，上街游行抗议，堵塞高速公路。电视台播出了农民与警察发生冲突，大打出手的镜头。世界哗然，一片唏嘘声！

美国政府似乎无奈，不得不宣布：政府赔偿农民因休耕所造成的损失。农民又闹事了："政府是个小气鬼，赔偿农民的钱太少，连塞牙缝都不够。"这回不但农民上街游行抗议，连工会也组织工人罢工游行，事情越闹越大。

美国政府按下葫芦浮起瓢，忙得不亦乐乎。苏联等国家幸灾乐祸，大肆发表图文，谴责美国资本主义制度：美国没有民主，没有自由，没有人权！美国的民主自由都是骗人的！

美国政府却在暗自拍手发笑。

科技就是力量！

1983年秋，正如美国气象专家预测的那样，美国"国防"气象卫星、"锁眼"照相侦察卫星的观测结果显示，美国及北美洲地区的平均气温上升了1℃，雨量恰好，粮食大丰收，但总产量减少，价格提高。

苏联面临北方寒冷化，西部干旱化，以及盐碱化的窘状。苏联粮食大减产，总产量仅为9 140万吨。这与美国农业专家原先测算的误差不到1%。苏

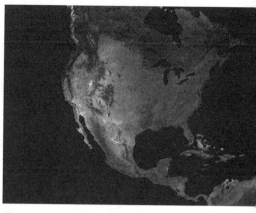

气象卫星报告：苏联寒冷干旱　　　　　气象卫星报告：北美温度高了，雨量恰好

联人将度过一个饥寒交迫的冬天，大批的牲畜将因没有饲料而活不到春天。

美国、加拿大、澳大利亚历来都是粮食出口大国。美国、加拿大、苏联都是黄金出口大国。苏联、中国是粮食进口大国。当年，国际贸易是用硬通货——黄金来支付的。美国料定苏联会大量抛卖黄金，大肆采购粮食。美国为苏联在国际粮食和国际黄金市场设下两个圈套：提高粮食价格，压低黄金价格。

1983年至1984年，美国、加拿大及北约各国在黄金市场上极力抛售和压低黄金价格，在国际粮食市场上故意减少粮食销售，大肆提高粮价。为了粮食，苏联迫不得已高价采购，一次次推高了粮食价格。国际粮食市场的价格每天像坐电梯一样，节节高升。

国际黄金市场的价格每天像跳水一样，急速下降。为了粮食，苏联以不到一半的低价，忍痛出售黄金。这又雪上加霜，把黄金价格推向低点。苏联几乎掏空了黄金储备。这时，美国又大量低价收购黄金，美国联邦储备银行的金库装满了苏联的大金砖。

"迷魂药计划"一箭多雕。

在粮食市场上，美国和加拿大等主要粮食输出国，大幅度提高粮食价格。美国芝加哥谷物市场仅小麦价格就涨了1.6倍。苏联花了一倍多黄金，只买到原先三分之一的粮食。美国政府花极少的钱，赔给农民。农民也不吃亏，不劳而获，粮食收入增加1.6倍，休耕的土地来年还可增加地力，粮食增产10%。

美国前国务卿基辛格说："谁控制了粮食，谁就控制了所有的人民；谁控制了石油，谁就控制了所有的国家；谁控制了货币，谁就控制了整个世界。"

苏联气愤地说："黄金危机不过是洗劫你的钱包，而粮食危机却是一场谋杀。"

里根总统笑眯眯地回应："如果正义足够勇敢，那么恶魔将失去力量！"

美国抓住了爱尔·基琼火山喷发的机会，没有让它溜掉。1991年8月19日，苏联发生政变，最终导致国家解体。经济崩溃是其中的一个重要原因。一个强大的红色帝国倒在了"星球大战"和"迷魂药"计划的阴谋下，结束了45年的冷战。

当时，英国首相撒切尔夫人高度评价里根总统："不开一枪，便赢得了冷战！"当然，美国赢得了冷战，还有"国防""诺阿"等气象卫星的功劳。

智慧比科技更重要！

 # 4.3 绝不告诉你

在那神秘绽放的地方——西伯利亚，总有奇迹发生。

1955年6月13日，苏联地质学家尤里·卡哈巴丁、卡捷琳和维克多在东西伯利亚的一次探险活动中，发现了一个大钻石矿，即和平钻石矿。苏联一举成为世界第二大钻石储量国。1957年，卡哈巴丁获得了列宁奖。这是苏联最高奖项之一。

和平钻石矿被誉为"钻石城"，它是世界上最大的人工挖掘的矿坑。矿口直径大约1200米，矿坑深度达533米。汽车从坑底开到坑顶要花1.5~2小时。由于矿坑太大，会产生旋风和吸力，直升机被禁止从矿坑上空飞越。

在美苏冷战期间，和平钻石矿曾是克里姆林宫的最高机密之一。它每年生产出2000千克钻石。2004年，和平钻石矿停止生产。在美苏争霸中，它产出的钻石让苏联拥有强大的资本。

钻石总有挖完的时候。苏联仍旧到处找钻石矿，但就是找不着。钻石矿还有没有呢？它在哪儿呢？

地球资源卫星是一种专门进行地质和资源探测的卫星。它装载了各种遥感仪器，环绕地球飞行，能探测到地面物体辐射或反射的电磁波信号。科学家们对卫星图像和数据进行分析后，就可以分辨出各种物质、土地、海洋、空气、森林、水质、农作物、历史古迹、地层结构、地质矿藏等的数据和信息。在地球资源卫星的"眼"里，几乎没有什么秘密。

1984年3月1日，美国"陆地–5"号地球资源卫星在范登堡空军基地发射升空。"陆地–5"号卫星每天绕地球约15圈，几乎可扫描整个地球。

"陆地–5"号看见了和平钻石矿，就像是地球的一个大伤疤。一个偶然的机会，它惊奇地发现：在距和平钻石矿不远处，还有一个更大的钻石矿。这就是珀匹盖陨石坑。

❶ 和平钻石矿

这是美国的秘密，绝不告诉苏联！

珀匹盖，一个陨石坑，它怎么会有钻石呢？

珀匹盖陨石坑位于俄罗斯西伯利亚中央，是一个特殊的地理遗迹遗址，非常有来头。

大约在3 570万年前的新生代古近纪，一颗直径8千米的小行星撞击在这里，形成直径达100千米的陨石坑。

大约3 400万年前，地球变冷，南极洲开始覆盖冰盖。在3 390万年前，地球上曾发生了一次次级生物大灭绝——"始新世—渐新世"灭绝事件。这一时期，大气中的二氧化碳含量减少，全球气温下降。

最新研究表明：珀匹盖陨石坑可能是"始新世—渐新世"灭绝事件的元凶。

很多年来，珀匹盖迷住了古生物学家、地质学家、历史学家和探险家。在斯大林时代，这儿建立了古拉格集中营。许多善良无辜的红军官兵、科学家、飞机专家和火箭专家在这里被害。珀匹盖整个地区被完全禁止进入，因为有可能一不小心就一脚踢出一大堆白骨和骷髅。

珀匹盖陨石坑啊，你隐藏了多少秘密？

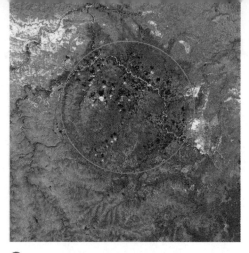

美国"陆地"号卫星拍摄的光谱照片：珀匹盖陨石坑依稀可见（红圈）

自从有了卫星，地质考察越来越简单了。

1997年，俄罗斯"资源"号地球资源卫星飞经珀匹盖陨石坑。它也发现这里与众不同，反射的信号表明这里有钻石。

1998年，俄罗斯判图专家仿佛从卫星图片上看见了成堆的闪闪发光的钻石。苏联立即派遣地质科考队进行了一次重大的调查，破解了秘密。

地质学家说：陨石高速撞击地球时会产生高温高压，诞生了一种石墨矿床。由于冲击压力，小行星的石墨瞬间变成钻石。

珀匹盖陨石坑的撞击点直径27.2千米，里面蕴藏了大量钻石。这些钻石大部分直径0.5~2毫米，少数10毫米。这些钻石不仅继承了原始石墨颗粒的表格形状，而且还保留了原始晶体的微妙条纹。

这是俄罗斯的秘密，绝不告诉美国人！为了保持世界钻石的高价格，也绝不会告诉全世界。俄罗斯最感谢的是"资源"号地球资源卫星。"资源"号等于发现了一个大钱包。

随着经济越来越糟糕，俄罗斯终于憋不住了！2012年9月，俄罗斯正式宣布：珀匹盖陨石坑存在大量钻石，蕴藏量达几十万吨。它是全球已知钻石蕴藏量的10倍，足够供应全球3 000年。

"珀匹盖"成为比"和平"更大的钻石矿，俄罗斯一跃成为世界上最大的钻石国家。"资源"号地球资源卫星还发现几个与众不同地方。那都是钻石矿的痕迹吗？

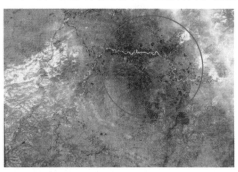

苏联"资源"号卫星看见的"珀匹盖"钻石矿（蓝圈）

4.4 让世界更透明

在美国伊利诺伊州，有一座大煤矿。从表面看，这儿到处是黑乎乎的煤，平淡无奇。

2013 年 2 月 11 日，美国首颗第四代"陆地"号地球资源卫星——"陆地-8"号发射升空。"陆地-8"号卫星总感觉这里与众不同。

"州长先生！我们准备到这儿挖宝贝！"

"我们这个穷地方，连个老鼠也挖不出。"

不久，科学家勘探出了大量巨型远古雨林化石。树干、树杈、树根、年轮等保存得相当完整。当轻轻剥去钙化的树皮，里面露出玛瑙一样的木化石。地质、植物、考古、气象专家高兴不已，一致认定：这是 3 亿年前的热带雨林。

木化石：时间让木头变成了宝石

科学家研究了雨林化石和多种现今已灭绝的植物物种。原来，3 亿年前的大地震导致这一地区沉降至海平面以下，雨林植物被埋藏至地层下。随着时间的推移，这里逐渐形成世界上最古老的雨林化石。

雨林化石仿佛给人们讲述了一个古老而悲伤的故事。现在，全球气候变暖，卫星可以预示非洲雨林、亚马孙雨林的未来命运。

"陆地-8"号地球资源卫星扫描地球

⬆ 陆地成像仪

⬆ 热红外传感器

⬆ 科学家正在安装热红外传感器的部件

为什么"陆地-8"号的眼光与众不同?

因为地球上所有物体都在有规律地反射、吸收和辐射电磁波。每种物体在不同光谱下的反射都不一样,具有鲜明的光谱特征。科学家掌握了物体的光谱特征,就可将地球看得更清晰,发现地球隐藏的秘密。

卫星专家骄傲地说:"陆地-8"号地球资源卫星装载了两种先进的科学仪器:陆地成像仪和热红外传感器。它们能看见人眼看不见的地球,让地球"原形毕露"。

什么是陆地成像仪和热红外传感器呢?

陆地成像仪是一种先进的陆地成像传感器。它属于推扫式传感器,利用光谱频段收集数据。推扫式传感器在整个行迹中,席卷地球表面和地下的地貌地形,交叉轨道的视野达到185千米。推扫式传感器的灵敏性和敏感性很强大,减少了运动部件,增强了地球表面的信息。

热红外传感器有一个焦平面成像探测器阵列——红外探测器一排一排排成队,共同组成一个很大的探测器阵列。焦平面成像探测器阵列的每个光谱频段都超过7 000个探测器。

热红外传感器能敏感地发现

0.01℃的温度变化。卫星上近7万个探测器就像7万只小眼睛，紧紧盯着地球上的各种微小温度变化，可以检测地球上的任何红外辐射。

卫星专家说：打虎亲兄弟，上阵父子兵。陆地成像仪和热红外传感器就像亲兄弟。它俩一个看光谱，一个看热量，同时收集沿海地区、极地冰、岛屿和大陆地区等全球陆地表面的多光谱数字图像并将数据存储在卫星上的记录器上。当卫星飞越美国时，再将数据传送到地面接收站。

"陆地"号卫星拍摄了华丽的地球照片，给人视觉上的冲击力。下面我们就来欣赏一组"陆地"号拍摄的照片。

吐鲁番盆地：这张多光谱图像是中国新疆境内博格达山脚下的吐鲁番盆地。这鲜艳的色彩几乎让人怀疑它是假的。绿色和蓝色部分是盐湖，橘色和白色部分则是沙丘。它们和深色的山峰形成鲜明的色彩反差。吐鲁番盆地是少数几个海拔低于海平面的地区之一。

🔼 吐鲁番盆地

喜马拉雅山脉：很难相信，这不是一幅显微图像，而是一座山脉。事实上，这是一座山脉，还是一座巨大的山脉——喜马拉雅山脉。在图像上，这座世界上最宏伟的山脉呈现出犬牙交错的红色、蓝色、白色。

迷幻死亡谷：这是一张多光谱照片。死亡谷是美国的海拔最低点。它低于海平面，温度高达54℃。蓝色部分表示死亡谷大量的湖水蒸发后留下的一片寸草不生的盐碱平原。

纳米布沙漠：纳米布沙漠位于非洲西南部大西洋沿岸干燥区。它是世

🔼 喜马拉雅山脉

迷幻死亡谷

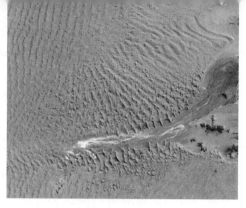
纳米布沙漠

界上最古老、最干燥的沙漠之一。它位于纳米比亚和安哥拉境内，止于奥兰治河，沿非洲西南大西洋海岸延伸 2 100 千米。纳米布沙漠最宽处达 160 千米，最狭窄处只有 10 千米。

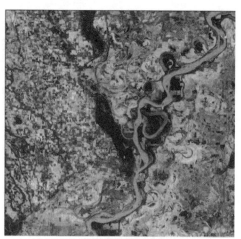
密西西比抽象画

密西西比抽象画：美国密西西比河蜿蜒流淌，错综分布着小镇、农田，还有散布在密西西比河两岸的牧场草地。这里是田纳西州孟菲斯以南区域，靠近堪萨斯州和密西西比州。密西西比河河道在这里蜿蜒曲折，形成大量的牛轭湖和弯曲河道。密西西比河是北美洲最大的河流系统。图像的左侧，格子般齐整的区域是人类活动区。密西西比河呈现出鲜明的文明与自然界之间的对比反差。

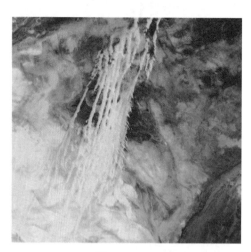
飞流瀑布

飞流瀑布：在图像中，这似瀑布般的浅黄色条带，实际上是阿尔及利亚伊归迪沙漠中的沙垄。这是一个广袤的移动沙海，从毛里塔尼亚一直延伸至西北非地区。伊归迪沙漠是撒哈拉地区多个沙海之一。在这里，卫星常常可以看到宽度和高度都超过 500 米的单个巨型沙丘。

大地的血脉：大育空河发源于加

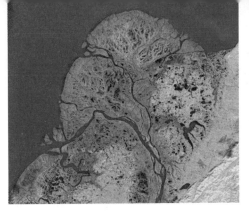

🔈 大地的血脉　　　　　　　　　　🔈 梦幻秋树

拿大不列颠哥伦比亚地区北部。它穿过加拿大育空地区和美国阿拉斯加，最后注入白令海。在育空河三角洲的入海口，无数的湖泊和泥沼散落其间。乍看起来，它让人忍不住想到人体器官中遍布的血管。这里是世界上规模最大的三角洲系统之一。

　　梦幻秋树：这是一幅油画吗？这里是俄罗斯广袤的西伯利亚东北部地区。图像下方的蓝色区域是恰斯卡亚湾。这里有两条主要河流汇入其中：查恩河和帕亚瓦姆河。恰斯卡亚湾向外则是广袤的北冰洋。生动的颜色和诡异的形状结合在一起。世界上最著名的油画家都惊叹：我画得出，但没有这个想象力！

 # 4.5　宇宙的时空

　　1609 年，伽利略制作了第一架天文望远镜。伽利略的望远镜让星星变近了，变得更清晰了。天空的情景大大超过人们之前的想象。

　　1923 年，德国火箭专家赫尔曼·奥伯特首先提出用火箭把望远镜送入太空。1946 年，美国天文学家莱曼·斯皮策论证了太空望远镜的可行性和优势。

　　太空望远镜又称太空天文台。它是在太空观察遥远的行星、星系和其他天体的仪器。太空望远镜避免了地面观测站的许多问题，不受电磁辐射及恶劣多变的气候影响。

哈勃

此外，地球大气层阻挡了天文望远镜的紫外线、X射线和伽马射线，从地球观测宇宙总是"雾里看花"。因此，从太空观察宇宙，视野更广阔，能够达到地面上任何望远镜都达不到的效果。

美国有一位天文学家叫埃德温·哈勃。1928年，哈勃在美国洛杉矶的威尔逊山天文台观测发现：星系正以难以置信的极快速度飞离地球，越来越远。那些距离地球越远的星系，飞离地球的速度越快。

这就是测量星系速度和距离、诞生宇宙膨胀理论的科学——哈勃定律。哈勃定律证明：宇宙在不断地膨胀。宇宙大爆炸产生了空间、时间和宇宙万物，甚至人类。

宇宙到底是有限的还是无限的？时间会不会折叠？空间能不能弯曲？时光可不可以倒流？

科学家认为：有的卫星能朝下看，俯瞰和观测地球；有的卫星能朝上看，仰望太空和宇宙。咱们研制一架能观测宇宙前世今生的太空望远镜，就能破解宇宙的奥秘。好！说干就干！

20世纪80年代，美国宇航局、欧空局出资研制了一架太空望远镜。科学家以发现宇宙膨胀、20世纪最伟大科学家、天文学家埃德温·哈勃的名字，将其命名为"哈勃"太空望远镜。

"哈勃"太空望远镜按照美国国家侦查局的照相侦察卫星"锁眼-11"号的模样和功能建造。"锁眼-11"号的地面分辨率为10厘米，号称"极限神眼"。

"哈勃"太空望远镜长13.2米，直径4.2米，重11.11吨，主镜片直径2.4米，镜面收集区域4.5平方米，焦距57.6米，电源2.8千瓦。它是世界上最大、最重、最精确、用途最广的太空望远镜。

"哈勃"太空望远镜装载了五种科学仪器：广角和行星照相机、高分辨率光谱仪、高速光度计、暗物体照相机和多目标光谱仪。它以近紫外线、可见光和近红外光谱观测广阔、浩渺的宇宙。

科学家希望"哈勃"的视力能穿透时空，看到过去、现在和未来，寻找宇宙的真实模样。

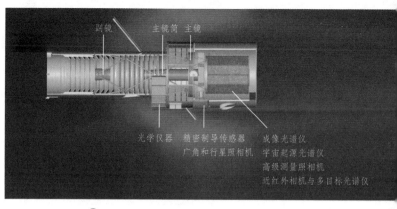

"哈勃"太空望远镜的结构

1990 年 4 月 24 日，美国宇航局"发现者"号航天飞机将"哈勃"太空望远镜送入太空。"哈勃"带来了各种新发现，让人类对宇宙的认识产生了重大改变，彻底颠覆了传统的天文学。

"哈勃"太空望远镜具有超深空视场，让人类直接观察到几百亿光年的宇宙，确认宇宙的年龄为 137 亿年左右，观测了早期宇宙的演化、上亿个星系、超大黑洞、神秘的伽马射线暴和超新星。

"哈勃"太空望远镜证明了星系和黑洞之间的关系，研究了彗星与木星碰撞的动力学，以及确定了宇宙的大小和年龄的测量方法。

"哈勃"是一个超新星侦察兵，提供了宇宙在扩展和加速的证据。它观测遥远的超新星表明：在重力的影响下，宇宙远远没有减速，事实上宇宙可能正在加速。宇宙加速的起因仍然不了解，最可能的原因是暗能量。

2015 年 3 月，科学家宣布："哈勃"看见木星的卫星"木卫–3"号上，有一个地下海洋。这个海洋估计深约 100 千米，被埋在 150 千米厚的冰壳之下。这个大盐水海洋抑制了木星磁场和"木卫–3"的相互作用。

2015 年 12 月 11 日，"哈勃"再次捕捉到了一颗超新星的图像，它被称为"雷夫斯达尔"。天文学家在一个被称为"爱因斯坦十字"的星系团中，发现了 4 颗不同的超新星图像。"雷夫斯达尔"的引力扭曲了超新星的光芒。尽管这颗超新星在 100 亿年前就爆炸了，但它的影像花了大约 50 亿年的时间才到达地球。天文学家发现这个星系团内分布着暗物质。

2016 年 3 月 3 日，研究人员宣布："哈

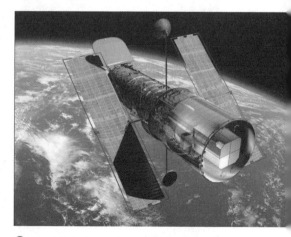

"哈勃"太空望远镜巡天遥看宇宙空间

勃"发现了迄今为止已知最远的星系。它位于大熊星座，是目前已知的宇宙中最古老、最遥远的星系，大约距离地球 134 亿光年。这些星系发出宇宙大爆炸后刚刚形成的光芒。

从 1990 年至 2017 年底，"哈勃"环绕地球运行了 148 000 圈，共计 58.3 亿千米，执行了 120 多万次观测任务，观察了超过 4 万个天体。

"哈勃"太空望远镜大大扩展了人类的视野和想象。它在宇宙空间中寻觅消失的时空碎片，捡拾遥远的太空遗迹，摸准迷幻中的神秘演化，为人类寻找到宇宙科学的拼图和证据，拼凑了宇宙的真实模样。

"哈勃"太空望远镜不但是一位科学家，还是一位杰出的摄影家。

"哈勃"细心劳苦，拍摄了无数令人惊奇、超越想象、鬼斧神工的照片，对天文学、宇宙学和航天学做出了巨大贡献。"哈勃"发回来的精美照片展示了太空的神秘魅力，令人惊叹。

2015 年 4 月 24 日，"哈勃"25 岁了。为了祝贺"哈勃"25 周岁生日，科学家评选出"哈勃"太空望远镜 25 年来拍摄的 10 大最震撼、优美和经典的照片，举行了一场视觉的饕餮盛宴。下面我们就来欣赏几张。

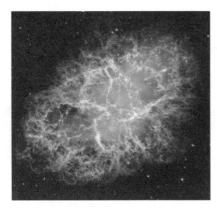

⬆ 优雅的气泡——超新星遗迹

⬅ "哈勃"太空望远镜看见的蟹状星云：一颗超新星遗迹

⬇ 迷幻空间——草帽星系　　⬇ 天河激流——旋涡星系

4.6 搜寻"宇宙幽灵"

一个幽灵，在时空中忽隐忽现。

一个猜想，在探测中忽明忽暗。

1933年，瑞士科学家茨威基就提出了暗物质的猜想。1997年，美国哈佛大学天文学家又提出了暗能量的猜想。

暗物质和暗能量是目前最前沿的研究领域，是最激动人心的宇宙学概念，也是最悬乎的科学猜想和科学命题。科学家称暗物质和暗能量是"笼罩在21世纪物理学上的两朵乌云"。

关于暗物质和暗能量，科学家分为两大派：支持派和反对派。

支持派认为：宇宙中存在暗物质和暗能量。它们都是看不见、摸不着的物质和能量，推动和改变着宇宙。

反对派认为：宇宙是由时间、空间、物质和能量等组成的。物质是由原子组成的。原子又是由质子、中子、电子等粒子组成的。能量是由重量、重力、引力、光能、热能等组成的。物质就是物质，能量就是能量，都能看得见、摸得着，都可以用仪器测量出来，宇宙中不可能存在暗物质和暗能量。

关于暗物质，宇宙学理论、弯曲空间的发现者，相对论的奠基人爱因斯坦当年曾断言：宇宙中根本不存在暗物质。这只是错误的"宇宙常数"。

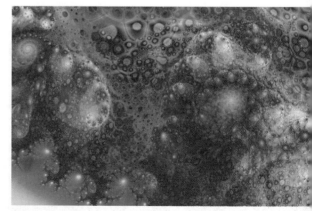

↑ 暗物质非常小，但能够穿越电磁波和引力场，可能是宇宙大爆炸的产物

茨威基第一个提出：宇宙存在暗物质

当年，茨威基曾形象地说："空气，你看不见摸不着，但它存在。电力，你看不见摸不着，但它存在。思想，你看不见摸不着，但它存在。你不知道的，不一定不存在！咱们一起验证吧！"

暗物质，被称为"宇宙幽灵"。

暗物质的特点是：不发出任何光，非常黑，黑到看不见；看不见，更摸不着，仿佛一个幽灵，几乎不与任何物质发生碰撞。暗物质密度小、速度快，难以捕捉。

科学家测算：暗物质粒子的运动速度为每秒 220 千米，科学家根本无法捕获暗物质。世界上很多科学家试图找到这个"宇宙幽灵"。

怎样才能捕获暗物质呢？当暗物质与其他物质偶然碰撞时，会产生蛛丝马迹，这才能捕捉到这个"宇宙幽灵"的阴影。

科学，需要猜想、假设、探测。

2001 年 6 月 30 日，"威尔金森"微波各向异性探测器发射升空。它用大量事实和数据证实：宇宙中确实存在暗物质与暗能量。宇宙诞生于一次大爆炸。目前，宇宙的年龄为 137.72±0.59 亿年，宇宙膨胀率 69.32±0.80（千米/秒）/百万秒差距。宇宙的普通物质含量为 4.628%±0.093%，暗物质为 24.02%±0.88%，暗能量为 71.35%±0.95%。

科学，需要验证和可以重复试验。

美国、欧洲发射的太空望远镜也支持茨威基的科学设想。2007 年 1 月，科学家描绘了第一张暗物质分布图。

爱因斯坦在天之灵没有想到，当初他认为是错误的"宇宙常数"——暗物质，反对派认为不可能存在的暗能量，可能共占宇宙的 95% 以上。宇宙绝大部分由暗物质和暗能量组成。星球和宇宙尘埃等普通物质，只有 4.6% 左右。

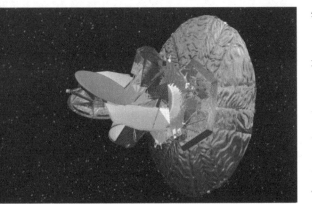

"威尔金森"微波各向异性探测器

第**5**章
梦想与光荣

>>>

"妈妈，我不想住在地球上了。""好孩子，那你想住到哪里？"
"我想住到太空里。那儿才是人类永久的家园。""你若想住到太空里，
那就得好好读书，研究住到太空里的方法，发明可以去太空的工具。"
只要有梦想，心灵就会开花！

5.1 天堂里的童话

太空到底是天堂，还是地狱？

不论太空是天堂还是地狱，人类都要勇敢地探索太空。

为了探索太空，为了实现梦想，科学家设计了 10 大梦想清单：

1. 研制飞上太空的火箭；

2. 发射卫星，俯瞰地球，瞭望宇宙；

3. 发射宇宙飞船，人类登上太空；

4. 发射太空探测器，了解宇宙的过去、现在和将来；

5. 发射太空飞机，自由往返地球与太空之间；

6. 发射空间站，建设人类的避难所和栖息地；

7. 研制亚光速、光速飞行器，让人类飞得更快更远；

8. 登陆月球，将月球地球化，建设月球基地，太空移民；

9. 登陆火星，将火星地球化，建设第二个家园，太空移民；

10. 在银河系寻找几颗绿色星球，

人类梦想：从地球到太空

建设永久家园，延续人类血脉。

在人类的梦想清单中，空间站被列为第 6 个梦想。

空间站，又称太空站、轨道站、航天站，是一种长时间运行、支持宇航员长期生活和工作的载人航天器。

建设空间站的科学目标是：在较长时间内保持环绕地球飞行，并接待其他航天器停靠和访问，进行各种科学实验。

空间站与其他航天器的区别：第一，空间站里住人；第二，空间站很大；第三，空间站很重；第四，空间站飞行时间很长；第五，空间站里有很多科学仪器、实验设备和观测设备；第六，空间站完成任务后就坠毁，没有主要推进系统和着陆系统。

空间站是一个飞行平台。它大约每天环绕地球飞行 16 圈。宇航员在空间站上停留数周或数月，但很少超过一年。

空间站是一个科学研究平台。它朝上看，可以研究太空和宇宙；朝下看，可以观测地球。

在空间站里，科学家可以研究太空科学、生命科学、材料科学和信息科学，以及太空飞行对人体的影响。

 ## 5.2 飞天的方向

1903 年，俄罗斯火箭理论家、航天理论奠基者齐奥尔科夫斯基首次提出建立空间站、制造人工重力的卓越设想。

在人类最简单的飞机还没有上天之时，齐奥尔科夫斯基充满激情地指出："地球是人类的摇篮，但人类不能总是生活在摇篮里。"

齐奥尔科夫斯基预言："我们人类决不会永远停留在地球上。""在并不太

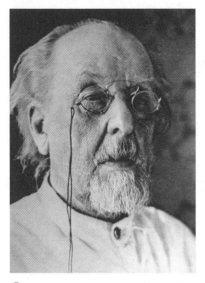

遥远的将来,透过云雾将会出现令人无法想象的、极为美妙与壮观的情景……那时人类将进入深邃的太空。这将是多么美好的事情啊!人类探索太阳系不仅将得到比地球丰富数十亿倍的能量,同时也将有更广阔的发展空间。"

齐奥尔科夫斯基明白:在前进的道路上,将会有无数的曲折与艰难险阻。他坚信:"改变人类历史的我们,必须是英雄好汉。我们决不能因失败而停止努力。我们必须寻找失败的原因,并最终战胜困难,飞上太空。"

在探索宇宙的过程中,人类正是依靠这种勇于面对失败的雄心,奋勇前进。

世界航天前驱——齐奥尔科夫斯基

齐奥尔科夫斯基像一座灯塔,照亮人类飞天的方向。

齐奥尔科夫斯基高瞻远瞩,为人类未来的空间站指明了方向。

为了实现人类的梦想,为了验证空间站的可能性和科学性,科学家提出各种空间站的设想和蓝图。1951 年,冯·布劳恩设计出了有人造重力的轮式空间站。

现在,许多空间站已经飞上过太空:苏联的"礼炮"号、"和平"号空间站,美国的"太空实验室"空间站,国际空间站,中国的"天宫"号。它们闪耀着人类科技、智慧、梦想和理想的光芒。

太空科技的发展,完全验证了齐奥尔科夫斯基的伟大设想。

今天,空间站数年如一日地在太空中环绕地球运转,成为人类科学实验、研究宇宙的基地。

一个灵魂,生于地球,志在太空,彻底改变了人类的世界观。

一条生命,心比天高,命比纸

冯·布劳恩设想的轮式空间站

薄，却被尊为世界航天的创始人之一。

1892 年 12 月 22 日，在奥匈帝国的普拉，也就是现在的斯洛文尼亚，一个小男孩呱呱坠地了。这个虚弱得抬不起头来的婴儿，就是后来人类历史上最伟大的航天先驱之一赫尔曼·波托奇尼克。

波托奇尼克的家庭是一个军人之家。父亲是奥匈帝国的将军，英年早逝。他的叔叔是陆军少将，英勇善战。波托奇尼克毕业于莫德灵军事学院的路桥专业。第一次世界大战期间，波托奇尼克英勇作战，荣升陆军上尉。他的两个兄弟也都是海军军官。

世界航天先驱——赫尔曼·波托奇尼克

波托奇尼克从小梦想太空飞行，可总是事与愿违。1919 年，他因肺结核，从奥地利军队退役，在维也纳理工大学机械工程系学习电气工程，并获得工程博士学位。从 1925 年起，他完全致力于研究火箭科学和太空技术。由于疾病，他没有找到工作和结婚，一直与弟弟阿道夫住在奥地利的维也纳，穷困潦倒。

1928 年底，波托奇尼克化名赫尔曼·诺丁，在德国柏林出版了他唯一的著作——《太空旅行与火箭发动机》。这本书共计 188 页，插图 100 张。当年，这本书超越想象，震撼了世界，被翻译成多种语言，广为传播，影响极大。

只要有梦想，心灵就会开花。波托奇尼克详细设计和描述了一座直径 30 米、车轮式旋转的空间站，用于人类太空旅行。他设计的车轮式空间站，利用自动旋转的力量制造人工重力，来模拟地球的重力加速度。车轮式空间站的设想很奇妙，为后来的科学家设计空间站提供了灵感。

波托奇尼克甚至建议把空间站放在高度 36 000 千米的地球静止轨道上，与地球同步运行。他描述了空间站的设计、功能与用途，并描述了如何利用太空的特殊条件来进行科学实验等。波托奇尼克的设想让科学家大受启发，现在，我们经常在电影里看到类似的空间站，比如《火星救援》里的空间站。

波托奇尼克提出了人类长期居住太空、建设空间站的重大课题，为人类航天的可能性提供了理论依据。他的伟大设想已经改变世界，改变人类文明、历史和发展进程。波托奇尼克开辟了一个全新的科学领域，被尊为世界航天的创

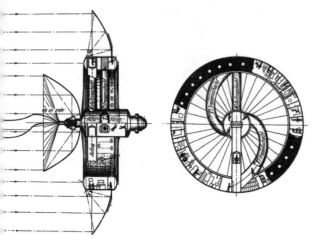

波托奇尼克设计的空间站（设想图）

约翰·贝尔纳

始人之一。

呜呼哀哉！1929年8月27日，波托奇尼克因肺炎和贫困，在奥地利的维也纳英年早逝，飘然而去遥远的天堂，时年36岁。他死不瞑目，不是怨叹生命的短暂，而是担心人类的未来。

在短暂的36年生命里，波托奇尼克彻底改变了人类的科学史和世界观。

梦想也许会迟到，但不会缺席！

1901年5月10日，在爱尔兰南部一个犹太人家庭里，出生了一个小男孩，他就是约翰·贝尔纳。

小时候，不苟言笑、总皱着眉头的贝尔纳经常问一些离奇古怪的问题："老师，星星为什么会眨眼？""小草会思考吗？""零能再分得小些吗？"在英国读小学和中学时，贝尔纳非常不愉快。他非常孤僻，与大多数同学合不来，只有他的弟弟凯文给予他一些安慰。老师背后说：这个小家伙很傻，胡思乱想，不会成才。

谁也想不到，这个成天将眼神瞄向天空的傻小子很有出息。1919年，贝尔纳成了全校唯一获得剑桥奖学金的学生，考上了著名的剑桥大学。老师道歉了：我眼神不好，看走眼了！你是个聪明的孩子！

1922年，贝尔纳获得数学和科学学士学位。他自学了空间群理论，包括四元数法。1924年，他在英国《皇家学会学报》发表了一篇关于晶体结构的长篇论文，赢得了诺里什联合奖。毕业后，贝尔纳开始在世界著名的法拉第实验室研究科学。

聪明的人总是多才多艺！

1924 年，贝尔纳还确定了石墨的结构和晶体结构，确定了水晶结构，发明了 X 射线光谱测量仪。1933 年，贝尔纳获得蛋白质晶体结构的 X 射线照片，奠定了分子生物学的基础。1937 年，贝尔纳成为伦敦大学物理学教授，被选为英国皇家学会会员。他开始研究核糖核酸和病毒。

爱科学，更要爱国！"希特勒发动战争了！我们要保卫英国，捍卫民主与自由！"第二次世界大战时，贝尔纳成为军事科学家，为英国研究过轰炸的破坏问题，提出了空袭预警，以期最大限度避免空袭对百姓的伤害。后来，他参加了诺曼底登陆的"霸王"行动和"D 日"行动，测绘了诺曼底登陆的海滩地图，确定海滩的坡度和承载力，对坦克和装甲车的登陆进行了可行性分析，为胜利立下汗马功劳。

聪明的人总有奇思妙想，也总是异想天开。20 世纪 60 年代初，贝尔纳分析研究陨石和生命的起源，证明存在复杂分子。他曾经预言：地球生命的种子可能来自太空。这个设想为太空探索和生命科学指明了方向，也启迪了科学、思维、智慧和想象。

生命可能来自太空。人类会回到老家——太空吗？人类总有一天会移民太空。

人类用什么方法移民太空呢？

贝尔纳性格孤僻，不善言谈，但思想活跃，多才多艺。他不但是一位伟大的科学家，还是一位伟大的科幻家。

怎样才能移民太空呢？贝尔纳想：首先，人类在太空建设一座城堡一样的空间站，慢慢适应太空生活，积累经验和科技。其次，人类登陆月球和火星，利用快速飞船，往返地球。

1929 年，贝尔纳提出建造"贝尔纳球"空间站的设想。

"贝尔纳球"空间站是一个永久居住的家园。贝尔纳建议建造一个直径为 16 千米的空心的球形空间站，里面充满空气，可居住 2 万~3 万人。

"贝尔纳球"是人类最有影响力的科幻之一，给未来空间站的设计以启迪。

贝尔纳作为英国著名物理学家、自然科学家、剑桥大学教授、科学学创始人，他在数学、晶体学、分子学、射线学、生物学、天文学、宇航学等多个学科之间跳来跳去、融会贯通，每一样都有成就。他一生获奖无数，赢得"圣人"和"天才"的雅号。英国女王称赞道：贝尔纳，半个皇家科学院！贝尔纳淡泊名利。他指导的学生多次荣获诺贝尔奖，而他从未获得。

从傻瓜到天才，从分子到太空，一切皆有可能！

"妈妈，我能不能摘下一颗星星？"

"哦！如果你能飞上太空，就能摘下星星！"

"妈妈，我能不能住在太空里？"

"能！你努力读书，学好本领，自己设计一座漂亮的太空房子，你就能住在太空里了。"

1923 年 12 月 15 日，弗里曼·戴森生于英国伯克希尔。他父亲是作曲家、音乐总监。小男孩戴森的梦想是当天文学家，非常热爱科学、数字和太阳系，更喜欢文学、艺术和历史。1936—1941 年，戴森进入英国著名大学温彻斯特学院学习，成绩优异。

⬆ "贝尔纳球"空间站的外部（设想图）

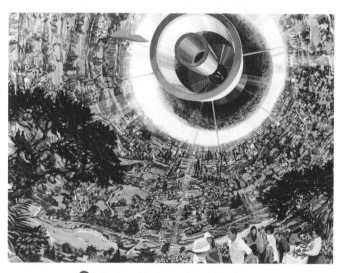

⬆ "贝尔纳球"空间站的内部（设想图）

好男儿志在四方。1943 年 7 月 25 日，他进入英国皇家空军轰炸机司令部。第二次世界大战后，戴森考入世界著名的剑桥大学三一学院，获得数学学士学位，最终当上教授。

1951年，戴森成为美国康奈尔大学物理教授。1953年，他来到新泽西州普林斯顿大学研究所，从事研究员工作。1965年，他提议和参加了美国宇航局"猎户座"核动力飞船的研制。

戴森教授以量子电动力学、固态物理、天文学和核工程的工作而闻名。他主要研究数学、粒子物理、固态物理、核子工程、生命科学、天文学、生物技术、基因工程、生命起源等。他提出了几个概念，都以他的名字命名，如戴森变换、戴森树、戴森球和戴森系列。

弗里曼·戴森

戴森教授著作众多，有《全方位的无限》《武器与希望》《宇宙波澜》《生命起源》《想象中的世界》《想象的未来》《太阳、基因组与互联网：科学革命的工具》等。戴森的著作思想深刻，文字优雅，充满魅力，在科学界和读者中都激起极大的兴趣，为他赢得了赞誉。

知识越多越聪明！戴森思维活跃，知识丰富，上知天文、下知地理。他是一位优秀的数学家、物理学家，还是一位关心人类命运、向往无限宇宙的天文学家和哲学家，更是一位探索未知世界的梦想家和未来学家。他得奖众多，甚至差一点儿获得诺贝尔物理学奖。

现在和未来，人类应该做些什么事呢？

戴森教授提议建造一棵生命树，名为"戴森树"。这是一种能够在彗星上生长的基因工程植物。他说：这种经过基因工程改造的树，可以在彗星内部生长。植物可以在彗星的中空空间内产生可呼吸的大气，利用太阳能进行光合作用，从而形成自给自足的栖息地。"戴森树"供人类在太阳系外生存，就像一个太空温室。

1960 年，戴森在《科学》杂志上发表了题为《寻找人造恒星的红外线辐射源》的文章。他提出一种太阳能发电空间站的设想——"戴森球"。

在文章中，戴森首次使用了"人造生物圈"这个词，意思是太空栖息地。

"戴森球"是一种可以包裹恒星、开采恒星能量的人造天体。它由成千上万个人造飞行器组成，环绕在一颗恒星周围，直径大约 2 亿千米，并汲取恒星的能量。它环绕一颗辐射光和热的恒星，利用恒星作动力源。

"戴森球"是一个巨型人造结构，由环绕恒星的卫星所构成。它完全包围恒星，并被且获得恒星的绝大多数或全部能量，仿佛一座太空发电站。"戴森球"拥有很多功能，如调整大小、扩大规模、太空输电、无线输电。无线输电

"戴森球"的内部

可以将电力和能量转移到空间站、卫星、飞船和地球，非常便捷。

"戴森球"的设想深刻影响了世界各国的狂想家、科幻作家、科学家、工程学家，并被发扬光大。科学家设计了许多太空工程：空间站、太阳能电站、太空移民、太空栖息地、太空输电、无线输电等。

戴森推测，外星文明的科技可能非常先进，早就建造了太空发电站。他分析道："如果在银河系中搜寻这样的人造天体结构，就能找到外星超级文明。"

2020 年 2 月 28 日，弗里曼·戴森辞世，享年 96 岁。这位梦想家直至暮年，还在设想各种太空飞行器。梦想，永远年轻！

5.3 梦想之花

梦想之花，理想之花，到处开放！

20 世纪 70 年代，在美国成功登月的鼓舞下，美国宇航局提出了多种空间站设计方案。

1975 年，美国宇航局提出了一种空间站设计方案，能容纳 1 万~14 万名永久居民。因为它由美国斯坦福大学进行研究和设计，所以被称为"斯坦福花床"。

"斯坦福花床"的科学目标是探索、推测和设计未来空间站。"斯坦福花床"的设计采纳了波托奇尼克、冯·布劳恩的轮式、旋转、圆环形状的空间站概念。

"斯坦福花床"是一个圆环形、车轮状的空间站，直径 1.8 千米，分为圆环、辐条和轮毂轴三大部分。它最外面的圆环是一个巨大的居住管道，直径 130 米。6 根车轮一样的辐条是通道管道，直径 15 米。正中间的轮毂轴是中心轴和旋转轴，里面是各种飞控系统。"斯坦福花床"总重量 1 000 万吨。

"斯坦福花床"外面的圆环每分钟自转 1 次,借助离心力可产生 0.9~1G 的人工重力。空间站的外部覆盖一层 1.7 米厚、来自月球土壤的辐射防护罩。"斯坦福花床"将运行在地月轨道的 L_5 拉格朗日点上。

人类怎样建造"斯坦福花床"呢?

为了节约地球上的宝贵资源,人类将从月球上提取建筑材料,并用货运飞船拖运的方法运送到空间站。在 L_2 拉格朗日点附近,聚集着大量小行星。人们可以在小行星上开采,或者将小行星拖到 L_5 拉格朗日点。在这里,人类可以利用各种太空建筑材料,建设"斯坦福花床"和工业设施。无法从月球和小行星上获得的材料,才从地球上"进口"。

🔆 "斯坦福花床"自动旋转,制造人工重力

人类怎样布局"斯坦福花床"呢?

"斯坦福花床"的圆环内部作为生存空间,非常大,可以模拟地球的自然环境。圆环就是一个长而宽阔的大圆管子。人类就住在这个大圆管子里,这里的人口密度类似于密集城市的,其中一部分"土地"专门用于农业生产和居住。

🔆 "斯坦福花床"里的城市

人类怎样采集阳

拉格朗日点

150多年前，法国数学家拉格朗日望着星空，突然想到：在两个大天体的引力作用下，小天体一定能在引力相等的地方保持相对稳定。这里必然有一个平衡点。这个引力相等的平衡点在哪儿呢？

1767年，瑞士数学家欧拉推算出了三个特殊的引力平衡点。1772年，拉格朗日在天体运行轨道附近三分之一处，发现和计算出了两个引力平衡点。

天体引力平衡点被命名为"拉格朗日点"，以拉格朗日名字的第一个字母L表示。它们被称为L_1、L_2、L_3、L_4和L_5拉格朗日点。在五个拉格朗日点中，只有两个点最稳定。稳定点上的小天体与两大天体构成一个等边三角形。小天体在稳定点处所受引力稳定，保持静止。

在太阳与地球日地系统的5个拉格朗日点中，L_1、L_2、L_3在一条直线上，不太稳定。L_4和L_5位于等边三角形处，引力最均匀平衡。小天体能在L_4和L_5稳定和平衡运行。

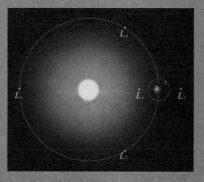

日地系统的拉格朗日点

光呢？

利用一套镜子系统来反射太阳光，照亮圆环的内部。

圆环通过6根辐条一样的管道连接到轮毂。这些管道是人员和材料往返于空间站中心的通道。

由于对接舱位于空间站最中间的旋转轴上，因此它的人工重力最小。

这里是飞船等航天器停靠的最安全位置。

轮毂轴的非旋转部位将用于零重力工业，生产各种高精密度药品、晶体和仪器。

人类怎样生活和工作呢？

"斯坦福花床"为人类展示了太空美景。这里拥有天空大地、山河湖海、红花绿树，学校、医院、住宅、空气制造厂、电影院、音乐厅、图书馆、体育馆等。太空居民可以享受到地球居民所能享受到的一切。

"斯坦福花床"里还有科技馆和天文台。从这里探测太空，能获得更详细和精确的信息；从这里观测地球，可以看到地球的全貌，地球简直像盆景一样优美。

天上人间，绝无仅有！

人类的太空城在哪儿？

1927年2月6日，一个可爱机灵的小男孩诞生于美国纽约的布鲁克林。他就是杰拉德·奥尼尔。

一天，奥尼尔抱着妈妈央求道："妈妈，我不想住在地球上了。""好孩子，那你想住到哪里？""我想住到太空里。那儿才是人类永久的家园。""你若想住到太空里，那就得好好读书，研究住到太空里的方法，发明可以去太空的工具。""好吧！我好好读书。"

1954年，奥尼尔从康奈尔大学获得博士学位后，开始研究高能粒子物理学。两年后，他发表了粒子储存环理论，发明了一种更高能量的粒子加速器。1965年，他在斯坦福大学进行了第一次光束碰撞物理实验。

1954年，德国科学家赫尔曼·奥伯特出版的《太空中的人——火箭和太空旅行》一书，描述了空间站和太空旅行。在普林斯顿大学教授物理学时，奥尼尔受到奥伯特关于空间站描述的启发，对人类能否在太空生存和生活产生了极大兴趣。

1975年，这位不想住在地球上的怪人提出了一个大胆的想法：人类提取月球和小行星的矿物资源。1976年，奥尼尔出版的《高前沿：人类的太空城》一书获奖。

他的人类在太空建立空间站的设想，激发了一代太空探索者。

奥尼尔带领一帮不想住在地球上的学生们，设计了三种"奥尼尔岛"号空间站，一个比一个大，一个比一个更合理和先进。

"奥尼尔岛-1"号是一个旋转球

杰拉德·奥尼尔

体，直径 512.27 米。"奥尼尔岛–2"号也是球形设计，直径 1 600 米。

"奥尼尔岛–3"号更庞大。它由两个反向旋转的圆柱形圆筒组成。每个圆筒直径 8 千米，长度 32 千米。每个圆筒分为 6 个长度相等的舱段：三个居住区和三个天窗区。

两个圆筒会以相反的方向旋转，以抵消陀螺效应，否则会难以对准太阳。两个圆筒通过一个轴承系统连接在一起。它们将按设定的时间和角度旋转，并利用离心力，在内部表面提供人工重力。

奥尼尔非常具有想象力，为人类描绘了一幅水晶宫和童话世界的美丽图画。

"奥尼尔岛"很优雅，但必须克服五大技术难题。

1. 人工重力。在太空中，人类和物体会因为失重飘浮在空中。怎样产生人工重力呢？旋转！"奥尼尔岛"以中轴为旋转轴，每小时旋转大约 28 次，仿真地球的标准引力。圆筒内壁产生一股离心力，正好与地球表面的重力相等。在较低的自转速度下，很少有人会患上太空运动病。圆筒的内壁正好是城市的地面。因此，"奥尼尔岛"上的人类站在里面，与站在地球地面上的感觉一样。

2. 大气气压。"奥尼尔岛"能合成和制造空气，与地球空气大致相似，大气气压却只有地球上的一半，将节省气体和减少空间站壳体的强度和厚度。

3. 宇宙辐射。在太空中，宇宙射线非常强烈。"奥尼尔岛"的壳体和内部空气足够抵御和屏蔽宇宙射线。"奥尼尔岛"的内部容量很大，足够维持其小天气系统。

4. 太阳光。天窗区每个窗口都有大镜子，永久地瞄准太阳，反射阳光。天窗区四面有玻璃窗，窗外是盖板。当合上盖板，遮住阳光，里面是黑夜；盖板张开，阳光反射镜将阳光

⊕ "奥尼尔岛–3"号空间站

折射进来，里面就是白天。空间站昼夜分明，居民们不仅能看到蔚蓝色的"天空"，还能观赏到日出和日落。

5. 姿态控制。"奥尼尔岛"安装了自动导航系统和姿态控制系统。它在旋转中产生重力，又能保持自身稳定。这就像陀螺旋转起来就能保持稳定一样。如果发生偏航，姿态控制系统就会立刻纠正，使其保持姿态稳定。

"奥尼尔岛-3"号很大，里面的居住面积为 1 300 平方千米，可居住 100 万人。它与太阳保持一个自然角度，以大约每圈 2 分钟的速度旋转，产生人工重力。

此外，半径为 16 千米的外部农业舱段，以不同的速度旋转，支持耕作。工业制造舱段位于中间，一些太空工厂还可生产高精尖的产品和零部件。

为了实现理想，奥尼尔创办了太空研究所，致力于为太空制造和太空移民研究提供资金。

他曾预言和描述了一些未来技术：太空移民、太阳能卫星、抗衰老药物、氢推进汽车、气候控制和地下磁力列车。他还曾在文章中分析：美国若要立于世界最前沿，必须开发 6 项技术：微电子微机械、机器人、遗传工程、磁性飞行、太空飞机和太空科学。

当年，人们对奥尼尔预言的评论好坏参半。有的人认为奥尼尔搅动了想象力，他是超级天才；有的人认为奥尼尔描述的技术太科幻了，不可接受，他在胡说八道。

现在，40 多年过去了，奥尼尔预言的前沿科技，一半实现了，一小半进入工程设计阶段，只有太空移民还未正式开始。

未来科学，是一门从理想到科学的学科。傻瓜怎么会懂呢？

1992 年 4 月 27 日，奥尼尔因白血病，在美国加利福尼亚红木城去世，终年 65 岁。

生命有限，但科学无限！

5.4 为什么探索太空？

人类为什么要探索太空？

这是一个伟大的科学命题，一个深刻的社会命题，也是一个深远的哲学命题。

1969 年 7 月 20 日，人类第一次登月。美国宇航员阿姆斯特朗将左脚小心翼翼地踏上了月球表面，在月球上留下人类的第一个脚印。

阿姆斯特朗气势恢宏地宣告：这是我的一小步，却是人类的一大步！

美国登月，意义重大。它实现了肯尼迪总统在 1961 年提出的国家目标：人类登陆月球，并安全返回地球。它结束了苏美的太空竞赛，两个超级大国开始太空握手。它促成各个国家成立了宇航局、太空局、宇航研究所和宇航大学。

美国登月，影响深远。为了登月，美国科学家发明、贡献了 10 000 多项高科技。这些科技应用于航天、电子、通信、摄影、机械、材料、医学、力学、计算机、教育、管理，以及生活等各个科学领域，造福全人类。

美国登月，促进了科技进步。美

美国宇航员奥尔德林的脚印

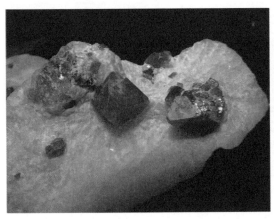

月球岩石标本

国总统尼克松将 500 个月球岩石标本，送给联合国、135 个国家、美国 50 个州，以及全世界 100 多个研究所实验室。尼克松访华时也送给中国一块月岩标本。小小的月岩标本，颠覆了传统的天文学，纠正了许多错误的天文学说，让科学家、天文学家重新认识了宇宙和太阳系。

美国登月，也就是人类登月。

人类登月是一件值得全人类高兴的事情，也是全人类的科技成就。它成为世界航天的一座丰碑，激发了全世界人民的太空探索热情。各国少年儿童和大学生们掀起了学习热潮，立志献身宇航事业。

美国宇航局马歇尔太空飞行中心科学副主任恩斯特·斯图林格等科学家提议：美国应该登陆火星。美国宇航局随即宣布了下一个目标计划：登陆火星！

"登月干吗？登陆火星有什么用？净浪费钱！"

"地球上的人，肚子都没有填饱。你们却到月球和火星上溜达。"

1970 年的一天，在美国第一次登月之后不久，非洲赞比亚一位善良、真诚的修女——玛丽·尤肯达十分生气，她写信给美国宇航局马歇尔太空飞行中心的斯图林格博士，对美国登月、登陆火星计划十分不满。

玛丽修女十分气愤地责问道："在地球上，许多孩子都快要饿死了，你怎么建议花费数十亿美元去火星旅行呢？""为什么不拿出 5 美元、3 美元，甚至 1 美元，救助饥饿的孩子呢？""你良心何在？"

1913 年 12 月 19 日，斯图林格博士出生在风光秀丽、人杰地灵的德国尼德林巴赫。

1936 年，23 岁的斯图林格在杜宾根大学获得物理学博士学位，与著名科学家奥托·哈克塞尔、汉斯·贝斯和汉斯·盖格一起工作。1939—1941 年，他在柏林技术学院工作，担任宇宙射线和核物理学助理教授，开发和革新了核探测器。

尽管作为一名科学家，斯图林格很有前途，但还是在 1941 年被德国陆军征召入伍，并被派往俄罗斯前线，在莫斯科战役中受伤。此后，他参加了斯大林格勒战役，是部队中为数不多的幸存下来、并在严寒冬天徒步从俄罗斯撤退的官兵之一。

1943 年，斯图林格回到德国后等待分配工作。突然有一天，他接到德国空军元帅赫尔曼·戈林的命令："你小子不是很能干吗？你到佩内明德的火箭研究中心报到。"斯图林格加入了冯·布劳恩博士的火箭研究团队。在战争余下的时间里，他负责研制制导系统。

1945 年 5 月，德国战败投降。美国执行"回形针"计划，搜捕德国火箭、航空航天、核武器方面的科学家。斯图林格是第一批 126 名科学家之一。第二次世界大战结束后，他与冯·布劳恩一起移居美国。

1945—1950 年，斯图林格主要在得克萨斯州布利斯堡的美国陆军导弹计划中心从事制导系统方面的工作。1950 年，冯·布劳恩的团队和导弹项目转移到亚拉巴马州亨茨维尔的红石兵工厂。

在接下来的 10 年里，斯图林格和其他冯·布劳恩的团队成员在陆军导弹方面进行了大量研究工作。他最终担任美国陆军弹道导弹局高级研究项目部主任。1955 年 4 月 14 日，他与许多德国科学家一起，成为美国公民。

斯图林格为美国第一颗人造卫星——"探险者" 1 号立下汗马功劳。1960 年，陆军弹道导弹局的一部分合并到美国宇航局，在亚拉巴马州亨茨维尔组成马歇尔太空飞行中心。

1960—1968 年，斯图林格担任马歇尔太空

🌑 斯图林格博士

飞行中心太空科学实验室主任。他领导和建设了三座高能天文台，研究离子发动机，并致力于建造"哈勃"太空望远镜。

1970年5月6日，斯图林格博士向玛丽修

宇航员威廉·安德斯从月球拍摄的地球

女回复了一封信。他同时在信中放入了一张1968年由宇航员威廉·安德斯拍摄的标志性照片《从月球看地球》。

2012年8月6日，美国宇航局发表了这封信，标题为《为什么要探索太空》。

　　亲爱的玛丽·尤肯达妹妹：

　　我每天都收到很多来信。您的信只是其中之一。最使我感动的是您深入探索的思想和慈悲之心。我将试着尽我所能回答您的问题。

　　首先，我要先向您和所有勇敢的修女们致敬！因为你们把自己的生命奉献给最高贵的事业：帮助苦难中的同胞。

　　您在信中问我：地球上许多孩子都快要饿死了，我怎么能建议花费数十亿美元去火星旅行呢？

　　……太空探索是一项充满挑战的事业。通往火星的航行，并不能直接提供食物，解决饥荒问题。然而，它所带来的大量新技术和新方法可以用在火星项目之外，这将产生数倍于成本的收益。

　　……我们不能因为饥饿和贫困，就停止火星探测计划。相反，我甚至相信：我们这些太空研究的工作，更能缓解世界上贫穷和饥馑这些严峻问题，甚至可以贡献更多。

　　……

　　真诚地祝福您和您的孩子们！

您诚挚的恩斯特·斯图林格

马歇尔太空飞行中心科学副主任

1970年5月6日

斯图林格博士善良真诚、胸怀宽广。他丝毫没有谴责玛丽修女的愚昧无知、伸手乞讨的思想和逻辑，也没有鼓励自食其力，毫无救急不救穷的传统观念。在信中，他讲了几个故事，说明了太空探索与救济穷人的区别和意义。

第一个故事发生在大约400年前。德国一个小镇上住着一个爵士，他非常慷慨，周济穷人。有一天，爵士遇到了一个奇人。他摆弄各种不同的镜片，观察非常细小、从未见过的微生物。爵士便邀请怪人把实验室搬进城堡，并且把很多钱花在怪人身上。

当镇上的穷人知道爵士把钱浪费在这种没用的破玩意儿上时，感到非常愤怒，"我们正遭受瘟疫的折磨，你却为那个家伙的无聊爱好买单"。爵士说："我已经尽我所能给你们很多，我也会一直支持他的研究。总有一天，他的研究会更有成果！你们只为了自己的肚子，而他为了全人类！"

这个破玩意儿就是改变世界历史进程和世界医学的仪器——显微镜。显微镜比其他任何发明对医学的贡献都大。它遏制了瘟疫和传染病的传播，挽救了无数生命。显微镜是人类最伟大的发明之一，让医学、生物学发生了一场革命。显微镜标志着人类进入科学时代、原子时代，造福全人类，意义非常重大。

第二个故事是有关"阿波罗-13"号飞船的。1970年4月14日，美国"阿波罗-13"号登月飞船飞往月球。突然，飞船氧气箱发生爆炸，命垂一线。宇航员只能将登月舱当作"救生艇"，奋力自救。美国从总统到宇航局的工程师全力以赴，千方百计拯救宇航员。

美国的老敌手——苏联，一直领先于美国，一直与美国进行太空竞赛、太空争霸，一直梦想占领太空的制高点，将美国踢出太空。在宇航员即将返回地球的时候，苏联没有讥笑讽刺，也没有幸灾乐祸，而是伸出了援手，

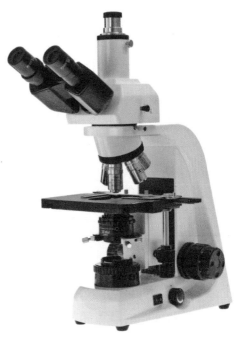

🌐 显微镜：人类进入精细医学，细菌、病毒无处躲藏，贡献重大

太空探索：全人类的事业

努力拯救美国宇航员。

为了防止干扰，苏联关闭了所有与飞船联络冲突的无线电。苏联停泊在太平洋和大西洋上的舰船随时准备救援。当返回舱降落在苏联舰船附近时，苏联人马上展开搜救，就像苏联宇航员刚刚从太空返回一样。

第三个故事：太空探测是一项伟大的、造福人类的科学事业。

卫星可以在短时间内监测大片地区，观测影响农作物产量的各种因素，如土壤、干旱、洪涝、降雪等。同时，它还可以把观测到的信息发回地面，用于导航、通信、观测和预警。一颗地球观测卫星每年为农业生产带来的收益相当于增加了数十亿美元的粮食。航天事业投入一元钱，能产生 40~50 倍的回报。

太空探测是科技进步的催化剂。它为学术研究提供了绝佳的实践机会。通过太空探测，人类窥见了浩渺宇宙和无比瑰丽的景象，也使新课题、新科学、新技术、新方法不断涌现，造福人类和子孙后代。

如果各国不再比拼轰炸机和远程导弹，取而代之以火箭、飞船、太空飞机的性能，那将避免许多战乱和灾难。

太空探测越来越向深空发展，将人类的视野延伸至月球、太阳、太阳系和银河系，直至更遥远的宇宙星空。随着对太空和宇宙研究的深入，人类对地球、生命和宇宙的感激之情越来越深。

太空探测不仅带来新科技和提升了人类的生活品质，还扩大了人类的视野和科学研究领域，更扩展了人类的思维和理想。

斯图林格博士提醒道："以前，从来没有这么多人认识到地球如此渺小，生态平衡遭到的破坏这么触目惊心。自从威廉·安德斯的地球照片首次出版以来，人类对面临的严重问题，如污染、饥饿、贫困、城市生活、粮食生产、水控制、人口过剩等发出了更紧急、更响亮的警告。我们开始看到，巨大的任务在等着我们。"

这个任务就是——太空探索！太空探索是一项全人类的理想，一项全人类的事业，事关全人类的福祉。太空探索等航天事业能产生更大的社会效益和经济效益，而经济效益能使更多的穷人衣食无忧。

太空探索：艰巨、危险、漫长的事业

据说，玛丽修女收到斯图林格博士的信后十分惭愧。她一面在胸前划着十字，一面摇摇头说："太空探索，人类最伟大的事业。我们的困难，太渺小了。"

由此可见，太空探索具有伟大而重要的意义。

这不仅是人类的梦想，也是促进人类进步的动力，还关系到人类的前途和命运。

齐奥尔科夫斯基指明了太空探索的路线图和时间表："地球是人类的摇篮，但人类不能永远生活在摇篮中。首先，人类小心翼翼地飞出大气层，然后探索

太空探索：艰巨、危险、漫长的事业

整个太阳系。"这是人类最伟大的梦想。

　　人类天生拥有好奇心。好奇是创新的动力。探索未知世界是人类的天性。太空探索能扩大视野、鼓励创新、追求真理，促进人类社会和科技进步。

　　地球和人类随时面临着重大天文灾难。人类一直有一个梦想：飞出地球，在太空中寻找第二个家园。为了人类的未来和生存，我们必须未雨绸缪，为太空移民做好充分的准备。

太空探索：人类的天性

第**6**章
小丑也能上太空

>>>

一个播撒快乐的小丑，一个大胆的幻想家，不可能永远在街头巷尾表演几个小节目。一个红鼻子，一个小丑探险家，自费到太空一游，实现人生的一大理想——太空旅游！这是一次史无前例的超级魔术！

6.1 太空旅游

太空旅游，就是乘坐飞船或太空飞机，飞到太空、空间站进行观光旅游。

太空旅游，可能吗？一百多年前，当飞机刚诞生的时候，人们乘坐飞机是一项非常奢侈，甚至倾家荡产的冒险活动。现在，人们乘坐飞机旅行，已是家常便饭。目前，太空旅游还是大富翁的游戏，将来也会成为小菜一碟。

谁喜欢太空旅游呢？2000年，当航天专家提出太空旅游时，大多数老百姓都表示怀疑：可能吗？少数人赶紧捂住钱包：那是超级富豪们的事情，我们没钱，玩不起。在中国，孩子们的热情极高，而几乎所有大人都穷怕了，白了一眼：吃饱了撑的！

太空旅游，从科幻到现实。2001—2009年，全世界一共有7名太空游客进行了8次太空飞行。他们都是乘坐俄罗斯"联盟"号飞船飞往国际空间站的。航天票的价格为2 000万~4 000万美元。2017年，航天票涨到了7 000万美元。

你也许会问：我能太空旅游吗？太空旅游的条件不高，只要手机或银

任何人都有权去太空旅游

行卡里有钱，身体过得去，都能成行。太空旅游贵吗？亚轨道旅游大约10万美元，轨道旅游4 000万~6 000万美元，环绕月球旅游大约1亿美元。

人类有了梦想，就会有理想；有了理想，就会有希望；有了希望，就会有激情、追求和动力。

6.2 首位太空游客

"钱都带来了吗？这是抢劫！"

"天哪！这里是太空！"

"太空也一样，也有强盗！"

"抢劫啦！警察在哪儿？"

"这儿只有强盗，没有警察！"

"你们别再逼我！如果再逼我，我就装死给你们看。"

2001年4月30日，世界上首位太空游客、美国亿万富翁丹尼斯·蒂托，搭乘俄罗斯"联盟"号飞船到达国际空间站。丹尼斯·蒂托何许人也？

丹尼斯·蒂托，1940年8月8日出生在纽约市皇后区。1957年10月4日，苏联成功发射了世界上第一颗人造卫星。当时，年仅17岁的蒂托激动不已，萌生了亲自遨游太空的想法。后来，蒂托考入美国纽约大学，选择了宇航专业，获宇航学士学位。1962年，他进入康涅狄格州伦斯勒理工学院，学习科学工程，并获得硕士学位。

那年，美国宇航局招募宇航员。蒂托最先报名："我是宇航专业毕业。我想加入美国宇航局，当一名宇航员。""很好！你是战斗机飞行员吗？""不是！""你会驾驶飞船吗？""不会！""你懂太空飞行吗？""不懂！我学的是……""小兄弟，我建议你还是学好你的专业，为宇航事业服务。谢谢你的热

太空旅游太棒了

情和激情！"

尽管毕业于宇航专业，但蒂托并不能飞上太空。怎样才能飞上太空呢？蒂托想出一个好办法：先挣钱，再上太空！1972年，蒂托在圣莫尼卡创办威尔希尔投资管理公司。这是一家运用数学工具来定量分析市场风险的咨询和技术公司。蒂托经营有方，很快就掌控了12.5亿美元的资产。

这个家伙喜欢玩儿悬的！

尽管蒂托从宇航工程转行到投资管理，但兴趣依然在太空探索。蒂托的太空之旅也受尽曲折。当年，蒂托与俄罗斯宇航局签约，支付2000万美元，飞往"和平"号空间站旅游。因为"和平"号太破旧了，已决定退役和坠毁。在等待和煎熬后，他的目的地阴差阳错地变成了国际空间站。

2001年4月28日7时37分，蒂托与俄罗斯宇航员穆萨巴耶夫、巴图林一起，搭乘"联盟TM-32"号飞船准时从拜科努尔航天中心升空。4月30日7时58分，飞船与国际空间站对接成功，一起飞行在近地点192.8千米，远地点247千米，倾角56.1°的轨道上。蒂托成为世界上第一位太空游客。

穆萨巴耶夫和巴图林打开对接口处的舱门。蒂托紧跟两名宇航员一起飘进了国际空间站。听说来了一个大富翁，寂寞而热情的宇航员们一拥而上：这可是个发财的机会！他们死皮赖脸地纠缠："你那么多钱，没啥用，给我们一点儿吧！""……要钱没有，要命一条！""小气鬼！你不给钱，给点儿吃的也可以，行行好吧！"蒂托幸福地宣布："小子们，我带来了一个好东西。"宇航员们赶紧问："什么好东西？""人生最珍贵的东西——梦想！""我们自己就有，不用你送。小气鬼！"

蒂托终于到达了他梦想的地方。在国际空间站，蒂托到处溜达，东瞧瞧西看看，一个不漏。他从俄罗斯的太空舱到美国的太空舱，又来到日本的太空舱——"希望"号："哇喔！这些就是生命实验仪器。这里面会有哪些小生命在激荡呢？"

穆萨巴耶夫像个影子一样一直跟随在他的身后，不时提醒："飘浮前进的时候，动作要轻柔，就像表演芭蕾舞一样，轻轻拉一下，慢慢推一下。""注意！下面是红外摄像机。小心，左边有仪器！别碰头！""你这个死心眼，能不能聪明一点儿，多领会一下！""你可以回去吃饭了！别把汤洒了！"人们戏称穆萨巴耶夫为"第一位太空保姆"。

蒂托兴奋地说："我好像来到了天堂！"

蒂托拥有一间小舱，里面有床位、吃饭的小桌、卫生间和其他生活设施。在太空游览活动中，蒂托对风光无限的太空和地球进行摄影、拍照，并制作立体图片，还参加有关科研实验。

蒂托与俄罗斯宇航局签订协议，其中有一条是：亿万富翁要放下架子，承包空间站的杂活、累活和脏活，如打扫厕所。蒂托幽默地说："扫厕所和太空旅游一样有意义，只是旅游项目不同。"蒂托认为，这次价值 2 000 万美元的太空旅行物超所值。

为实现飞上太空的夙愿，蒂托已等待了 40 多年，终于实现了。在这次太空旅游中，蒂托飞行了 7 天 22 小时 4 分钟，环绕地球 128 圈。蒂托说："这是一次伟大的旅行。我爱太空！"

蒂托是个闲不住的人，他还想登上火星！那是一个红色的梦想！蒂托的太空之旅具有伟大的意义：它开创了太空旅游的新篇章。

蒂托模仿第一位登上月球的阿姆斯特朗的名言说："这是人类航天的一小步，却是太空旅游的一大步。"

蒂托（左）、穆萨巴耶夫（中）和巴图林

6.3 梦想联通太空

1973 年 9 月 18 日，马克·沙特尔沃思出生于南非的葡萄酒之都——奥兰治自由邦韦尔科姆市。他的爸爸是一名医生，妈妈是一位幼儿园老师。因为调皮捣蛋，沙特尔沃思一直在小学、初中和高中很出名。老师一提到沙特尔沃思，就四个字：调皮、聪明。

顽皮的孩子最聪明。1991 年，沙特尔沃思从南非主教学院毕业，并考入开普敦大学金融信息系。作为一名学生，他开始安装第一个住宅互联网网络。校长惊讶道："很多大学生都是光说不练，这小子会说会练，还会干，不得了！"

互联网，似乎无所不能！ 1995 年，沙特尔沃思大学四年级时，创立了一家安全认证咨询公司。大学毕业，沙特尔沃思获得商业学士学位。1999 年，26 岁的他将公司卖给一家美国互联网服务器公司，盈利5.75 亿美元。

沙特尔沃思 说

沙特尔沃思说："我佩服两个人。一个是创立进化论的达尔文。当达尔文环球航行，提出了进化论的时候，几乎所有人都质疑：世界是上帝创造的，不可能变化和进化。达尔文坚持真理，坚持科学，用事实回答一切质疑的声音。第二个人是印度圣雄甘地。为了民主、自由、独立和和平，甘地一生多次坐牢，矢志不渝。他坚韧不拔地反对暴力革命，宣扬和平斗争，换来了印度的独立、民主和幸福。"

性格决定命运。年轻的沙特尔沃思决定：自己要做什么，一直坚持做下去。当许多人正在互联网前犹豫和迷茫的时候，他凭着自己的远见卓识，已经干净利落地挖到一座互联网的金矿。2000年9月，沙特尔沃思组建风险资本公司，成了企业孵化器和风险投资商，开辟出更大的市场。人家风险投资，大都打了水漂，血本无归，而沙特尔沃思却一投一个准，赚回大把金钱。

2004年3月，沙特尔沃思成立了绿龙科技公司，推广一种软件和操作系统，全部免费，应用广泛，造福世界和人类。他被誉为"非洲的比尔·盖茨"。2009年12月，沙特尔沃思卸任绿龙科技公司首席执行官，专心从事慈善事业。

当沙特尔沃思跻身亿万富翁后，他有一架"庞巴迪环球快车"号私人飞机，完全可以环球旅行。但是，沙特尔沃思不希望过纸醉金迷的生活，决定选择做一些在别人看来不可能做到的事情。他说："我从小就对各种看起来不可能的事情感兴趣。"

朋友们劝他："你很能干，会挣钱，千万别这山望着那山高，弄不好钱就打水漂儿了。"沙特尔沃思认为："会挣钱，没什么了不起的。地球上遍地是老板，太空游客就不一样了，世界上只有一个。我不但想看穿互联网，还想上太空看一下更辽阔的太空。"

"钱有什么用？最有价值的是人生！"沙特尔沃思向俄罗斯宇航局提出申请，愿意以2 200万~2 500万美元的代价换取太空梦。非常幸运的是，他终于实现了梦想。沙特尔沃思支付了约2 000万美元，参加俄罗斯"联盟TM-34"号飞船飞行。他在俄罗斯接受了一年的培训和准备，其中7个月花在莫斯科星城宇航员训练中心。

2002年4月25日，南非的管理软件专家、风险投资大王、太空梦想家马克·沙特尔沃思乘坐俄罗斯飞船到国际空间站，参加盛大的春游。他作为世界上第二位、南非第一位自费太空旅游的游客，闪亮登场。一夜之间，28岁的沙特尔沃思享誉全球。

两天后，"联盟"号飞船抵达国际空间站。沙特尔沃思能够用半生不熟的俄语与地面飞控人员通话，思维清晰。在入驻空间站后的第一餐，沙特尔沃思便能在飘浮的状态下，大口大口地吃完罐装的土豆牛肉。他已经很好地适应了失重环境，胃口很好。

在接受南非电台主持人采访时，沙特尔沃思说："我们每天16次环绕地球轨道运行，可看到 16 次日出和 16 次日落，比在地球上各多了 15 次，太漂亮了！南非、南太平洋刚刚在我的脚底下掠过，前方就是中国。"随后，他有一点儿无奈地说："在失重状态下，我的脊骨伸展，加上水分在体内游走，会感到背痛。"

"天哪！蓝色的地球，非常漂亮！"沙特尔沃思吃惊地感叹道，"从太空鸟瞰蓝色星球上的陆地，很难找到大片的自然美景了。我看到了大片的城市建筑和庄园，甚至还看到了被污染的大气层。人类很丑陋和自私，已经将地球糟蹋得不像样子。"他花了 8 天时间参加关于帕金森症、艾滋病、阿尔茨海默病、基因组等实验，研究环保、林业、全球气候变暖等课题。

"好小子，祝贺你！"一天，国际空间站上的视频电话响了。这是南非总统塔博·姆贝基打来的太空电话。总统举起葡萄酒杯："祝贺你！你是非洲大陆上第一位勇闯太空的宇航员。"

沙特尔沃思回答："我相信，这一刻具有重大意义，将载入史册。"

"你好！大哥，我叫米歇尔·福斯特，14 岁了。我也梦想成为宇航员！"在前总统曼德拉的安排下，一名身患绝症的南非女孩打来电话，"我很欣赏你的勇气。你愿意娶我为妻吗？"

这是个麻烦事！沙特尔沃思礼貌地回避了这个问题："你梦想成为宇航员。我也很欣赏你的勇气。你让我娶你为妻，我感到非常荣幸！"这次与福斯特小朋友通话的机会由梦想成真基金会提供。两天后，福斯特因癌症逝世。

沙特尔沃思在太空飞行了 9 天 21 小时 25 分钟，环绕地球 156 圈。5 月 5 日，他搭乘已与国际空间站对接飞行了 36 个月的"联盟 TM-33"号飞船回到地球。沙特尔沃思说："我非常幸运能够去太空体验，站在太空看一些事情。生命短暂、世界渺小。当回到地球以后，我觉得更应该做一些对人类和世界有贡献的事情。"

南非和世界各国媒体高度评价沙特尔沃思的太空之旅。他回应道："我不是英雄！这也不是我的命运！但是，我确

马克·沙特尔沃思：南非人的一大步

实非常敬仰一些太空英雄。他们追逐自己的梦想，坚持自己想要做的事情，不管面对多大的困难和世俗的批评。坚持就是胜利！"

沙特尔沃思这样评价自己的太空旅游：这是美国人的一小步，却是南非人的一大步。

6.4 富翁科学家

科学家没有钱，富翁不懂科学。这好像是全世界的普遍规律。

格雷戈里·奥尔森要打破这个规律——他既要当富翁，又要当科学家。奥尔森不苟言笑，一头略显凌乱的灰白短发，一张瘦削而精神的面颊，看起来他似乎更符合典型科学家的形象，而非人们印象中的富翁。

格雷戈里·奥尔森，1945年4月20日出生于美国纽约市布鲁克林。奥尔森是一位电工的儿子，母亲是小学教师。1962年，他高中毕业。本想加入美国军队当一名大兵的奥尔森，在父母劝告下进入大学。

谁也想不到，奥尔森进入费尔迪金森大学后，成绩很好，不但得到奖学金，还获得"优秀毕业生"称号。1966年，奥尔森获物理学学士后，又连续获得电气工程和电子科学学士、物理学硕士学位。1971年，奥尔森从弗吉尼亚大学获得材料科学博士学位。

1971—1972年，奥尔森曾到南非伊丽莎白港大学任邀请科学家，还在莱德大学兼任教授。1984年，奥尔森创办了第一家光电传感器公司，获得多项成果，并成为富翁。奥尔森研发生产传感器、散热器、近红外和短波红外照相机，专门为美国宇航局宇航工程开发和生产高灵敏度胶片和照相机。奥尔森拥有12项美国专利。

奥尔森喜欢利用物理和材料学的知识，投入高风险的创业公司。他说：要

美国富翁、太空游客——奥尔森

挣就挣高科技的钱。同时，他还有一个伟大的厚望——到太空去。

"我就是爬，也要爬到太空！"

在莫斯科星城宇航员训练中心的训练中，他达不到标准，可能上不了太空。"你这个老家伙，差一点儿把老骨头都震碎了。"宇航员们在"联盟"号飞船和国际空间站模拟器上操纵自如，甚至对每一个螺丝钉都能了如指掌。奥尔森脸红了："我只有站在旁边偷师学艺的份儿！"

"这些已经算是最容易的了。对我来说，学习俄语才是最困难的事情。虽然我喜欢俄罗斯，也喜欢这里的文化，但是我对语言并不在行，毕竟我不年轻了。"奥尔森说，"我已经等待太久了，已经 60 岁了。如果再不努力，我这辈子就完了。"宇航员训练教官最终同意这个不年轻的老家伙飞天。

尽管花费 2 000 万美元购买了太空旅游门票，但奥尔森不愿只做一名观光客。他坚持自带科学设备，在太空旅游之余搞点科研。他强调："请相信我，我并非仅仅是一名太空游客。"奥尔森本人更愿意称自己为"太空飞行参与者"。

他说："'游客'一词意味着任何人只要拿得出支票，就能去太空，但事实并非如此。"

奥尔森是第三位奔赴国际空间站旅游的太空游客。

2005 年 10 月 1 日，奥尔森与美国宇航员威廉·麦克阿瑟、俄罗斯宇航员瓦莱里·托卡列夫组成"远征-12"科考队，搭乘"联盟 TMA-7"号飞船，飞往国际空间站。

"无论我在地面如何憧憬太空，真到了太空一定会感觉更好。"奥尔森博士的家人都来观看发射。飞船就要启航了。奥尔森与孙子隔着玻璃相互问候和祝福。

那天，拜科努尔航天中心秋高气爽，清澈的蓝天衬托着 50 多米高的"联盟"号运载火箭，显得十分雄伟高大，偶尔从火箭里冒出缕缕青烟。倒计时开始！

3 时 54 分 10 秒，飞船准时发射。火箭起飞后 9 分钟，飞船进入预定轨道。飞船飞行在近地点 193 千米，远地点 245 千米，轨道倾角 51.66°的近地轨道上。

10 月 3 日，莫斯科郊外科罗廖夫飞行控制中心命令：飞船与国际空间站对接！5时26分58秒，对接成功。国际空间站与飞船联合飞行在高度445千米，倾角51.66°的近地轨道上。

这位发誓爬也要爬到太空的富翁，终于梦想成真了："非常抱歉！我流泪了！"

奥尔森第一次从太空观察地球。

蓝色的地球就在那里，薄薄的大气层像轻纱一样包裹着这颗美丽

奥尔森（左）与美国宇航员威廉·麦克阿瑟（右）、俄罗斯宇航员瓦莱里·托卡列夫

的星球。这里是太平洋，这里是大西洋，那儿就是美国，那儿是新泽西州，那儿是自己的家乡——普林斯顿。奥尔森非常震撼："从国际空间站望出去，看到美丽的地球，就产生一种了不起的感觉。"

奥尔森作为传感器专家，在国际空间站进行了多次远程传感和天文学试验。奥尔森博士拥有业余无线电电台操作员的执照。他通过电台从太空与地球上的无线电爱好者通信。奥尔森实验了失重条件下的细菌生长，太空飞行如何影响人类的身体和内耳前庭系统等。奥尔森自嘲说："从某种意义上讲，我就是一只供实验的小白鼠。"

在国际空间站，奥尔森围绕地球运行了155圈，9天21小时15分钟。10月10日，他与号称"最后一位苏联公民"的俄罗斯宇航员克里卡洛夫和美国宇航员菲利普斯，乘坐"联盟TMA-6"号飞船离开空间站。10月11日1时09分48秒，飞船准确降落在阿尔卡雷克东北68千米处的降落场。

60岁的奥尔森终于实现了自己的飞天梦想。他经历了震动、超重和失重，身体承受能力达到了极限，狠狠地减了一次肥。"我感觉非常棒！因为梦想成真了！"他说，"我真的很享受这一切。美妙极了！"

唉！喝水太难了

小孙子问："爷爷，太空好玩吗？"

奥尔森想了想说："好玩，但不好受！"

这位富翁科学家说："这是宇航员的一小步，却是科学家的一大步。"

6.5 国际空间站@太空.com

你看，外星人！

科学家艾莉·爱罗薇是一名从事外星智能生命搜索的专家。她充满探索太空的欲望，决心找到外星生命。绝大多数人都认为：小姑娘，你的行为太疯狂了！终于有一天，爱罗薇收到了一个奇怪的信号。她立即断定：这是智能生命向太空发送的寻求伙伴的信号。

事情令人非常振奋！爱罗薇收到了不太稳定的电视信号！非常奇怪，电视信号经过还原之后，画面竟然是当年希特勒的演讲。在电视信号中，爱罗薇发现隐藏着一行行的密码文本。这一发现惊动了美国政府，破译工作成为全球的目标。

爱罗薇首先破译了这些密码。这些密码居然是生产时空飞船的图纸和说明。美国马上研制了时空飞船。爱罗薇作为人类首位与外星生命接触的使者，飞向宇宙，与外星生命进行理智的接触。最后，她在另一个星球见到了爸爸，后来……

这是好莱坞电影《接触未来》的内容。其实，一个真实的"爱罗薇"已经诞生。她就是美国富婆——阿诺舍·安萨里。2006年9月18日，她乘"联盟"飞船进入太空，并于两天后进入国际空间站。

安萨里是全球首位太空女游客，也是第四位访问国际空间站的太空游客。

阿诺舍·安萨里，1966年9月12日出生在伊朗的马什哈德。安萨里出生后不久，全家就搬到伊朗首都德黑兰。在德黑兰长大的她，儿时最喜欢的电影就是《星际迷航》，最大的梦想是长大后成为一名宇航员。她说："总有一天，我会亲眼数数那些星星。"

全球首位太空女游客——阿诺舍·安萨里

1979 年，安萨里目睹了伊朗的伊斯兰革命。1984 年，她全家移民到美国。安萨里的英语和法语十分流利。她获得了美国乔治梅森大学学士学位，在华盛顿大学获得电气工程与计算机硕士学位。大学毕业后，安萨里遇到了她未来的丈夫哈米德·安萨里。他们于 1991 年结婚。

1993 年，安萨里说服丈夫哈米德和他的兄弟阿米尔·安萨里，共同组建美国电信技术公司。他们利用自己的积蓄，收购了圣思网络公司。2000 年，美国电信技术公司受到冲击，股票从每股 40 美元跌至 5 美元以下。安萨里坚信电信和网络技术方兴未艾。

怎样做到打电话不要钱呢？网络电话！安萨里努力研究网络电话软件，并获得成功。在度过艰难岁月之后，安萨里的网络电话软件称霸世界。她领导美国电信技术公司和快速识别技术公司，成为全球 500 强增长速度最快的公司之一。安萨里成为亿万富婆，被《财富》杂志列为最优秀职业女性、优秀企业家等。

一闪一闪亮晶晶，满天都是小星星！

安萨里非常热衷于太空事业。她的太空梦想也开始走向现实。

伊朗国家电视台《夜空》节目采访了她："你希望在太空飞行中取得什么成就呢？"安萨里说："我希望以此激励每一个人，尤其是全世界的年轻人、妇女和女孩，不要放弃梦想和追求。我相信，只要牢记梦想、培养兴

安萨里带了一大把彩笔，准备描绘美丽太空

趣、寻找机遇，就能实现梦想。"

2006 年 9 月 18 日 4 时 18 分，在她 40 岁生日几天后，安萨里搭乘"联盟 TMA-9"号飞船慢慢离开发射台。安萨里与美国宇航员迈克尔、俄罗斯宇航员米哈伊尔·秋林从拜科努尔航天中心升空。

升空后不到 10 分钟，安萨里已经在高度 350 千米，轨道倾角 51.6°，环绕地球飞行的轨道上了。9 月 20 日 5 时 21 分，"联盟 TMA-9"号飞船与空间站成功对接。这个曾经痴痴地仰望星空的伊朗小女孩，终于梦想成真，可以俯视地球，举目眺望太空了。

在国际空间站上的 8 天时间里，安萨里为欧洲太空局进行了 4 次实验，包括：贫血的机制，在太空变化的影响下背部肌肉如何疼痛，宇航员的太空辐射后果，空间站上不同的微生物种类试验。

安萨里是美国电信行业的领军人物。她的拿手好戏就是打个电话、发个邮件。她为自己注册了一个太空邮件地址：国际空间站@太空 .com。安萨里是第一位从太空发博客的人。

她写道：很久很久以前，在一个遥远的地方，有一个年轻姑娘的眼睛，闪烁在德黑兰的夜空，与星星交相辉映。夏季的夜晚，从阳台的床边，她可以看到很多夜空中的星星。她会躺在床上凝视夜空，研究神秘的宇宙：黑暗的深处，奥妙在哪里？太空里有另一个她吗？她会不断寻找……。她梦见自己坐着一辆美丽的花车，飞出去，飞向无限自由的空间……

安萨里想当世界上第一个太空和平大使：为和平与谅解服务。伊斯兰妇女解放，阿拉伯的科技与文明、民主与和平成为安萨里关注的主题。伊朗的报刊电视广播每天从早到晚详细介绍安萨里的太空旅程，以及国际空间站飞过伊朗上空的时间和路线图。

真幸福！太空的味道美极了！

全球首位太空女游客安萨里花了 2 000 万美元，在太空 10 天 21 小时 05 分，环绕地球飞行了 171 圈。2006 年 9 月 29 日 0 时 13 分，她乘坐俄罗斯"联盟 TMA-8"号飞船在哈萨克斯坦平安着陆，结束了太空之旅。

尽管从空间站返回地面只需 3 个多小时，但安萨里感到疲惫和虚弱。因为飞船进入地球大气层后，速度从约 2.8 万千米/时迅速减到约 290 千米/时。对于在失重状态下生活多日的太空人来说，强大的地心引力的滋味并不好受。

突然，一双温暖的大手捂住了安萨里的双眼。"你是谁啊？"安萨里疑惑道，"亲爱的，请不要欺负'外星人'！"她睁开眼睛一看："我一猜就知道是你这个坏蛋！"安萨里手捧红玫瑰，接受了丈夫一个惊喜的吻。安萨里创造了很多世界第一，名扬天下。

她模仿第一个月球人的语气说："这是男子汉的一小步，却是娘子军的一大步。"

 太空摄影，绝妙镜头

6.6 太空守夜人

有钱能使鬼推磨！这句话不但适用于地球，也适用于太空。

到目前为止，全世界共有7人8次依靠金钱的力量，以太空游客的身份登上国际空间站，成为其他富翁们的楷模。

有人说：10年前，太空旅游还只是科幻小说中的情节，但现在的地球人都不这么看。这个人就是互联网奇才查尔斯·西蒙尼。

1948年9月10日，查尔斯·西蒙尼出生在匈牙利的布达佩斯。他的爸爸是布达佩斯技术大学的一位电气工程学教授。100多年前，德国古典主义作曲家勃拉姆斯的《匈牙利舞曲》让全世界人民喜欢上了匈牙利。第二次世界大战

后，匈牙利一直是苏联的傀儡。1956年10月，匈牙利知识分子想脱离苏联控制，布达佩斯的大学生和老百姓和平游行。匈牙利劳动党出言不慎，引发武装暴动，爆发了十月事件。

苏联下令镇压匈牙利的大学生和老百姓。苏联红军的坦克和17个师一夜之间占领匈牙利。在苏军两次军事镇压下，事件被平息，但造成约2 700名匈牙利人死亡，议会主席、总理纳吉惨遭枪决。这给匈牙利人民留下了仇恨的种子。

年轻时，西蒙尼的梦想是一定要离开匈牙利，到自由民主的国家去。在中学时代，他在计算机实验室工作，兼职当守夜人，监管一台苏联制造的"乌拉尔-2"大型计算机主机。查尔斯对计算机非常感兴趣，并从一个实验室的工程师那儿学会了设计和编辑程序。

当离开学校的时候，西蒙尼学会了开发编译器，并把其中的一个卖给了政府。有一次，丹麦一个计算机代表团来访。他向代表团的成员示范了一个编译器，当场把所有人惊呆了：计算机还有这么强大的功能和变幻莫测的奥妙。丹麦人看准西蒙尼是个电脑天才。他们悄悄告诉西蒙尼：如果你愿意到我们那儿工作，我们将提供一切方便。

一个大胆行动开始了！17岁的时候，西蒙尼拿着一本短期签证离开了匈牙利。他到丹麦以后就再也没有返回匈牙利。当时，这是一种叛国行为，逮捕后是要被枪毙的。他冒着被杀头的危险，跑到丹麦。1966年，在丹麦的汉森和彼得卡夫，西蒙尼被聘请为微机实时控制系统、编译系统的设计师。1968年，他移民到美国，在加利福尼亚大学伯克利分校，获得了硕士学位。1977年，西蒙尼获得了斯坦福大学计算机科学博士学位。

1981年，西蒙尼参观了比尔·盖茨的公司。谁也想不到，他成了微软公司创始人之一。比尔·盖茨让他担任微软公司的首席软件设计师。西蒙尼领导设计了微软 Word、Excel 办公软件的编程技术和标准，开发了变量的匈牙利符号公约。这些匈牙利符号被广泛地应用在微软，让人们更容易地进入虚拟的世界。

西蒙尼，一个匈牙利出生的美国人，一个计算机程序员，一个凭借智慧赚钱的商人，一个斯坦福大学教授，净资产大约为 14 亿美元。西蒙尼功成名就，号称编程大师，但是个异想天开的人。

查尔斯·西蒙尼

2006 年初，西蒙尼表示：我想成为一个太空旅游者。他与美国太空探索公司签署协议：自费到国际空间站旅游。2006 年 8 月，西蒙尼通过俄罗斯宇航局医学资格预审。9 月，他开始在莫斯科星城宇航员训练中心训练。西蒙尼在失重状态下进行抛物线飞行；在 8 倍重力加速度情况下躺在离心机里睡觉……

为了太空旅行，西蒙尼支付给俄罗斯宇航局 2 500 万美元。俄罗斯宇航局通知："进步"号货运飞船已经提前运去了你最喜爱的食品，如米德兰酒、鸭胸肉、鸡胸肉、苹果酱、白米布丁、杏仁饼等。西蒙尼夸奖俄罗斯人：你们真热情！我还没走，东西都运到了。不错，这是个好兆头！

2007 年 4 月 7 日，西蒙尼与好友比尔·盖茨道别："兄弟，我要走了！我要见证一下互联网空间和宇宙空间的特点和区别。"西蒙尼的好友、美国时尚公主玛莎恋恋不舍地说："小心点！我们等你回来！"西蒙尼头也不回地伴随着两名俄罗斯宇航员，一起登上"联盟 TMA-10"号飞船，顺利发射升空。

西蒙尼，成为世界上第 5 位太空游客，匈牙利第 2 位太空飞行的人。

4 月 9 日，"联盟 TMA-10"号准备与国际空间站的"码头"号对接舱对接。

飞船的头部有一个锥管探头。在对接空间站时，"联盟"号首先将长 40 厘米的锥管探头伸入"码头"号的接受槽。接着，锥管探头以每秒 1 毫米的速度进入"码头"号的接受槽。400 秒后，锥管探头完全伸入接受槽，渐渐拉紧、锁扣，完成精密对接。这样可以保证对接口的密封性。

当"联盟"号飞船与国际空间站完成对接后，西蒙尼和宇航员仍不能立即进入空间站。他们要三次检查对接口的密封性，确保安全。同时，他们还要平衡飞船内与空间站内的气压。在对接完大约 3 个小时后，西蒙尼和宇航员打开了对接口舱门，飘进国际空间站。

在到达国际空间站后，西蒙尼望着舷窗说："当空间站飞入地球的阴面，太空呈现出一片令人惊奇的黑暗，仿佛每一个细胞都熄灭了，时间都静止了。45 分钟后，空间站飞越日夜交界线，进入地球的阳面。突然，太空大放光明，阳光仿佛要照进你的眼睛，照亮每一个细胞。太空就像一个大舞台，一个神奇的舞台。太阳、月球、星空，轮番上演令人难以置信的歌剧或现代戏剧。这是非常戏剧性的节目，精彩豪华！"

西蒙尼看到：宇航员睡觉时，都保持胎儿的姿势。这种姿势是为了减轻失重对人体健康的影响。在失重环境下，他的身体很不舒服。西蒙尼说："我感觉周围的一切都好像是被自己踢翻了。由于血液大量涌入大脑，头部不时会感到疼痛。"

"大家走过路过不要错过啊！现在，匈牙利太空餐开始了！"

西蒙尼不是小气鬼，非常豪爽。他拿出自己的民族美食，与宇航员们一起分享。宇航员们赞美道："米德兰酒的味道好极了！""怎么苹果酱还带有一股淡淡的蜂蜜味？""杏仁饼烤得恰恰好，看在眼里，饱在心里！"各种美味品味不凡，西蒙尼自豪地说："这些美食出自精通厨艺的好友之手。"

西蒙尼拥有业余无线电操作员的执照，呼号"Ke7kdp"。他打算利用业余无线电台，与一些学校进行连线。位于美国弗吉尼亚州布里斯托的一所学校表示愿意参加。2007 年 4 月 17 日，一场电视谈话举行了，太空互联网发展开始了，一座太空桥梁架起来了。

4 月 21 日，在度过 13 天的太空旅游生活后，西蒙尼与一名美国宇航员和一名俄罗斯宇航员乘坐"联盟 TMA-9"号飞船回到地球。在欢迎酒会上，比尔·盖茨感叹："你可让我们大开眼界了！我也想上太空，请你带着我。"

西蒙尼评价这次太空之旅："这是宇宙空间的一小步，却是互联网空间的一大步。"

太空旅游，给西蒙尼留下深刻印象，激起他无限想象。

2008 年 10 月，他意犹未尽，花费 3 500 万美元，再次预订了飞往国际空间站的太空旅行票，重返太空。俄罗斯宇航局问："你为什么第二次上太空？""我想当太空守夜人。"

2009 年 3 月 26 日，他搭乘"联盟 TMA-14"号飞船，第二次飞入太空。西蒙尼认为：上天不是目标，科普才是目的。

2009 年 3 月 30 日，西蒙尼又利用无线电台，在国际空间站与地面进行了连线。美国加利福尼亚州一所女子中学的女学生们第一次与天上的宇航员通话，个个显得激动万分。西蒙尼告诉学生们："我到太空旅行，最令我吃惊的事情是：地球已经遭到严重糟蹋和破坏。当我回到地球上，感觉空气很厚、很重，只能胆战心惊地呼吸。"女学生们回复：有人糟蹋和破坏地球，我们要捍卫地球的纯洁和美丽。

西蒙尼拥有美国和匈牙利的双重国籍，受到美国和匈牙利人们的热情赞扬。2009 年 4 月 8 日，西蒙尼在度过 13 天的太空旅游后，与俄罗斯宇航员尤里·隆恰科夫和美国宇航员迈克尔·芬克乘坐"联盟 TMA－13"号飞船回到地球，降落在哈萨克斯坦的大草原上。

查尔斯·西蒙尼两次太空旅游，共计 26 天 14 小时 27 分钟。他赞扬第二次太空旅游："这是生命的一小步，却是人生的一大步。"

↑ 2007 年，西蒙尼（左）与两名俄罗斯宇航员结伴而行

6.7 太空创世纪

1961 年 7 月 4 日，在英国剑桥一名工程师家里诞生了一个小男孩。他长得虎头虎脑，人见人爱，取名为理查德·加里奥特。在加里奥特很小的时候，父母就带领两兄弟移民到美国得克萨斯州拿骚湾。

加里奥特：我开始太空游戏了

他的爸爸欧文·加里奥特可不一般，曾是美国宇航局的宇航员。1973年7月28日，欧文·加里奥特参加美国第三座空间站——"天空实验室–1"号任务，共飞行了59天11小时9分钟。1983年11月28日，欧文·加里奥特又搭乘"哥伦比亚"号航天飞机进入太空，在航天飞机上的太空实验室中工作了……

加里奥特说："我从小就梦想像爸爸那样遨游太空。"加里奥特的逻辑思维和形象思维能力非常强。1974年，13岁的加里奥特就学会了电脑、电脑游戏和编辑程序。当年，如果想玩电子游戏，只能到游戏机商店玩台式游戏机。他想：怎样在家里的电脑上玩游戏呢？加里奥特编写了一个叫"阿卡拉贝斯"的电脑游戏程序。虽然，他只是把当时司空见惯的游戏机里的角色移植到电脑游戏上，但这个小动作意义重大：从电子游戏到电脑游戏。这为加里奥特打开了通往"创世纪"的大门。这家电脑店的老板欣喜若狂：你真聪明！这样，玩家就可以在家里、在电脑上玩游戏了。他相信这个游戏一定能赚大钱。

加里奥特花了200美元打印了母亲海伦设计的封面和说明书。他把电脑游戏卡装入保鲜袋，在游戏机店出售，竟卖了12份。一份电脑游戏被加利福尼亚州太平洋公司买走。太平洋公司老板发现：这个游戏趣味盎然、设想极妙、前景无限。老板就与他签署了一项合作协议。后来，"阿卡拉贝斯"游戏以5美元一份卖出，共售出超过3万份。"阿卡拉贝斯"被认为是第一个电脑游戏。

1979年，加里奥特为"苹果–2"型计算机设计开发了"创世纪"游戏。

加里奥特有一个梦想：当宇航员，飞上太空！如果自己拥有掌控电脑、编辑程序的本领，一定能混入美国宇航局。"小伙子，你的热情、知识和技能值得称赞，但是我们不能收留你。""为什么？""你的视力太差……"

加里奥特只得放弃当宇航员的梦想。

后来，加里奥特离开大学，专攻开发宏大壮观的电脑游戏——"创世纪"

系列。在这些游戏中，电脑玩家假想自己就是术士、武士或科幻小说中的超级英雄，替天行道，武艺高强，随心所欲，无所不能。"创世纪"游戏让玩家超越时空，超越想象，进入一片从未见识的奇幻世界。1992 年 9 月，他的电脑游戏收入为 3 000 万美元。

1997 年，加里奥特创造了大型多人角色扮演的在线游戏，开辟了新的游戏境界。他想：技能、技巧已经不能战胜恶魔和对手，只有智慧、计谋、善良才能称霸天下。在游戏中，加里奥特秉承欧洲的谦卑、正直、怜悯、英勇、公正、牺牲、荣誉、献身等美德和骑士精神，在血腥、残暴和杀戮中宣扬人性和真善美，潜移默化地宣扬正确的世界观、人生观和价值观。加里奥特号称"创世纪"之父。

"创世纪"系列的广告语：电脑游戏，总有一天，将不再是游戏！真的！电脑游戏不仅仅是一种玩具和游戏，它更广泛地进入各个领域：学校教育、员工培训、知识竞赛、投资风险、军事训练、作战行动、战争演练、胜败评估等。大型多人游戏已经大大超出了原来的设计、功能和想象。

太空创世纪上演了！

加里奥特在电脑游戏中玩腻了，想到太空逛游一下，体验一下太空游戏，实现人生的梦想。一天，他与美国太空探索公司签约，想成为第一个进入太空的太空游客。然而，他遭受到金融挫折和金融泡沫破灭，一下子从大富翁变成了穷光蛋。钱没了！他被迫将自己预订的座位让给丹尼斯·蒂托。加里奥特说："我又回到制作电脑游戏的行列，拼命赚钱，一旦钱足够了，就将存款存入太空。"

屋漏偏逢连阴雨。在一次医疗检查时，医生发现加里奥特得了肝血管瘤。如果参加太空飞行，快速降压将造成潜在致命的内出血。医生告知："你必须放弃自己的大笔存款，进行手术。"加里奥特躺在手术室，心里还是想着飞天：先手术，后上天！

美国太空探索公司与俄罗斯宇航局佩服加里奥特的坚强意志和坚定信念，就决定：太空游客加里奥特将搭乘"联盟"号飞船，进入国际空间站。在恢复康复后，加里奥特花了一年的时间在俄罗斯参加训练，圆满完成各项训练任务。

加里奥特在太空一面飘浮，一面干活，别有一番情趣

2008 年 10 月 12 日，俄罗斯"联盟 TMA-13"号飞船从拜科努尔航天中心升空。在俄罗斯宇航员尤里·隆恰科夫、美国宇航员爱德华·芬克的身旁，还坐着一位传奇人物——47 岁的理查德·加里奥特。加里奥特太高兴了：他成为世界第六位、美国第三位太空游客。他将与宇航员父亲欧文·加里奥特一起，成为世界和美国首对遨游太空的父子。

上帝啊！太空游戏比电脑游戏好玩多了！

加里奥特到达国际空间站后，进行了科学实验：太空失重环境对视力矫正手术者的影响，太空生活对人类免疫系统的影响，人类在太空中改变睡眠模式，培养药用蛋白质，英国小学生的太空实验等。

他最开心的事情是从太空中以不同角度拍摄大量地球照片。加里奥特说："非常遗憾！我拍摄了那么多照片，可惜没有拍到英国老家和美国家乡的城市。"加里奥特表示：我要写一个剧本，拍摄一部关于太空的科幻电影——《恐怖的远地点》。

加里奥特毫不掩饰对太空之旅的兴奋之情："我还没有完成第一次太空飞行，但我已经开始考虑第二次太空之旅了。"在太空探险旅游了 11 天 20 小时 35 分钟后，加里奥特和同伴们搭乘"联盟 TMA-12"号飞船重返大气层，安全降落。

这次太空旅行，加里奥特花费了 3 000 万美元。他说："老实说，这个费用消耗了我大部分财产，但我心甘情愿。"

加里奥特评价自己的太空旅游："这是人类宇航的一小步，却是太空游戏的一大步。"

6.8 小丑上太空

欢迎光临太阳马戏团！

火焰人被烈火燃烧 2 分 15 秒却毫发无损；在神秘的灯光下，你的衣服变得富有弹性，就像海豹的皮肤；小丑将邀请你一起穿越虚幻的黑洞；如果你的胆量足够大，3 秒钟后你已经在火星上旅行……

这个星球上有 70 多亿人，所有的人都是神秘人，默默无闻的人，而《神秘人》是对你所不认识的人的礼赞。《神秘人》即将开演，加入这场探索之旅吧！你将发现自己的太阳魔力……

太阳马戏团是世界上最大、最著名的马戏团。盖·拉利伯特是创始人之一，曾任太阳马戏团总裁。在马戏表演界，拉利伯特是一个传奇。

1959 年 9 月 2 日，盖·拉利伯特出生于加拿大魁北克市。拉利伯特生来风趣幽默，总有一种办法让人开怀大笑。他从一个街头艺人

🔊 小丑宇航员拉利伯特

1984年，拉利伯特第一个将文化、艺术、科学、太空、航天与马戏结合，将马戏艺术、民间戏剧、音乐、舞蹈、芭蕾舞、摇滚乐等视觉艺术与科学知识结合在一起，每一个节目都精心安排了激动人心的故事。他能魔术般地让每一个观众都掏出100美元，忘情地使劲拍痛自己的手掌。

自1984年以来，太阳马戏团巡游于全世界，将欢乐洒向人间。它拥有4 000多名来自40多个国家的演艺人员。2004年，拉利伯特获得加拿大总统授予的最高荣誉勋章。同年，他被美国《时代》杂志评为世界上最有影响力的100人之一。太阳马戏团在各国巡回演出，拥有1亿充满激情的观众。2006年，拉利伯特获得魁北克级、加拿大级、世界级"安永企业家"荣誉称号。2008年，魁北克省拉瓦尔大学授予他荣誉博士学位。

拉利伯特用挣来的钱，成就了当慈善家的梦想。几十年来，拉利伯特贡献了1亿多美元用于慈善事业，特别是节约用水的事业。

到富有魅力、有远见的艺术家；从一个手风琴手、高跷表演者和吞火魔术师，到创建世界第一知名的马戏团——太阳马戏团；从一个吹泡泡的狂想主义者到雄视地球的太空游客。

一个播撒快乐的小丑，一个大胆的幻想家，不可能永远在街头巷尾表演几个破烂节目。

怎样做更能震撼世界？

哦！上太空！

如果自费到太空一游，不但可以实现人生的一大理想——太空旅游，还可以在太空中免费打广告，大大提高太阳马戏团的知名度。

2007年，拉利伯特支付了4 000万美元，到太空播撒欢乐和知识。他创造了一个球形的红鼻子小丑形象，自己就是吉祥物。在火箭发射前，他戴上了凸起的红鼻子说："这是新颖的鼻子，可防止因国际空间站那帮'傻乎乎'的观众抚摸而磨损。如果谁顽皮地多摸小丑的鼻子，谁就会在睡梦中长出红鼻子。"

太空小丑要进行一次史无前例的飞行。人们都担心他回不来。

2009年9月30日，吞火魔术师、高跷高手、马戏团大亨盖·拉利伯特乘坐俄罗斯"联盟TMA-16"号飞船飙升。随着轰鸣声，白色烟雾喷射，仅仅10多秒钟，小丑和飞船就从拜科努尔航天中心消失。这是一次史无前例的超级魔术！

亲爱的，你变到哪儿去了？

拉利伯特的朋友和家人焦急地等待：这个胆大妄为的家伙飞上天了吗？小儿子问妈妈：

爸爸到哪儿去了？大家十分担心这位魔术师把自己变没了。当莫斯科科罗廖夫飞行控制中心通过大喇叭高声宣布"飞船已到达轨道"时，亲朋和观众们热烈欢呼，欣喜若狂地拥抱。

2009 年 10 月 2 日，"联盟 TMA-16"号飞船与国际空间站对接成功，组成联合体，飞行在轨道高度 350 千米，轨道倾角 51.6°的环绕地球的轨道上。他成为世界上第七位太空游客，加拿大第一位太空探险家。

小丑到太空了！

国际空间站上那帮"傻乎乎"的观众热烈欢迎来自地球的小丑，纷纷上前捏捏红鼻子。第二天，拉利伯特发现宇航员们的鼻子上都有一个红鼻子："天哪！你们怎么也长出了红鼻子？""哇呜，我们在睡梦中长出红鼻子！对不起！"

拉利伯特给自己的科学使命是：水、太阳能、环境、生态，人类最宝

"我很为他高兴。这令人感到惊讶！"拉利伯特的合作伙伴、前妻克劳迪亚戴着一个黄色的小丑鼻子观看发射。她紧紧抱着儿子，流下眼泪，说："现在，我们知道他到哪里去了。他将自己变到太空中了，幸好没有散架。"

拉利伯特的巴西妻子很担心小丑丈夫："他头上没有一根毛，怕受不住寒冷的太空环境。我给他买了保暖的帽子，可他就是不戴，非要带上一个小丑鼻子给孩子们看。"小儿子问妈妈："爸爸能变回来吗？""在地上变，他肯定会变回来。在太空里变，那就不一定了。孩子，快祈祷吧！"

太空小丑

贵的资源，要保护和共享地球资源，提高人类对水和环保的认识。他根据主题创作了一首诗歌，在太空通过艺术方式宣传社会使命感。一个特殊的 120 分钟的网上直播节目通过空间站广播，在全球 14 个城市开展各项活动。

拉利伯特在国际空间站上进行小丑艺术表演，吸引了上亿的少年儿童。红鼻子小丑形象告诉孩子们：水——生命之源。地球上的水来自彗星，数量有限，必须节约、合理使用，看见红鼻子就想到节水。

小丑也能上太空！拉利伯特在太空飞行了 10 天 21 小时 17 分钟，围绕地球 171 圈。他的太空之旅实现了自己的终生愿望，还宣传了水科学，更扩大了

太阳马戏团的知名度。世界上有哪个马戏团的小丑能上太空呢？

两年后，太阳马戏团的收入提高到了 25 亿美元；2012 年达到 26 亿美元。他在《福布斯》杂志全球富豪排行榜上曾是名列前茅的美洲亿万富翁。

拉利伯特指着红鼻子说："这是宇航界的一小步，却是马戏界的一大步。"

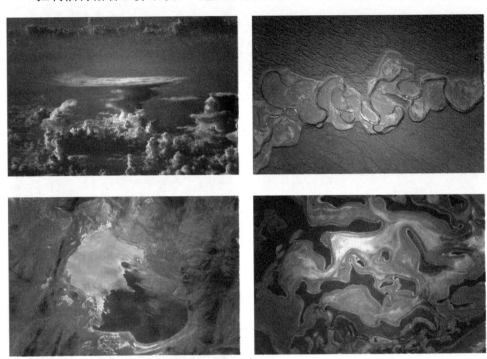

🌀 拉利伯特拍摄的地球美景

第 7 章
课桌上的卫星

>>>

激扬飞天的梦想，探索心灵的成长，品尝科学的味道，开阔全新的视野。课桌上诞生的小精灵们飞向太空，展示科技、智慧的魅力，越小越闪亮！梦想不分大小，每一个梦想都值得努力！

7.1 谁在太空玩卫星？

大学生能不能发射卫星？

哲学、卷尺、天线、卫星能演绎什么故事？

怎样让哲学、卷尺、天线、卫星变成传奇！

20世纪90年代，大学生造卫星还是特大新闻。世界上还没有一颗大学生卫星。

在美国加利福尼亚州旧金山海湾南端，一座私立的天主教大学——圣塔克拉拉大学，毗邻世界著名的"科学家的摇篮"斯坦福大学，靠近世界著名高科技园区硅谷。

圣塔克拉拉大学彰显信仰，启迪价值观——道德和正义。

1997年的一天，校长问："听说，你们几个女大学生准备造卫星？"

"是的，校长！不是听说，而是真的！我们决心研制世界上最小的卫星，世界上第一颗大学生卫星。"

圣塔克拉拉大学校园

据说，当时校长立马晕过去了，醒来后装笑："我这个校长一生胆小怕事，从来没有干过大事。孩子们，我佩服你们。我也捐些钱！"

圣塔克拉拉大学工程专业的 6 名女学生组成卫星研制小组——"月亮女神"团队，并提出了号称"月神"的卫星计划。

一名女学生特丽萨说："麻雀虽小，五脏俱全。我们的卫星虽小，但功能和部件不能少。"

"是的！我们只能利用现成的、市场上能买到的零件制造卫星。"

🔍 超市、五金店、电器店：卫星零部件的仓库

真的！经过千辛万苦的努力，女学生们终于将卫星基本造好。一天，特丽萨小声地提出："现在，咱们需要一种能在太空自动打开的天线。"

阿曼达和布兰琪信心百倍地认为这个好像不难，一定会找到。其实，这个天线很难找。女学生们找遍美国也没有发现这种部件，十分遗憾。

安妮一脸愁容："怎么办？大卫星的天线能折叠、弹出。它有一套精密灵活的机构和系统，十分复杂，重量很大，价格昂贵。咱们做不到！"

桃乐丝皱起了眉头："是啊！小卫星不可能装载这种庞大、贵重的装置。"

卫星零件——芯片

各种卫星零件

卫星零件

布兰琪落泪了："小卫星本身体重只相当于大卫星的一个小零件。"

怎么办呢？如果自己设计研制一种能弯曲缠绕，又能自动打开的天线也可以，但需要机械、电子和遥控等很复杂的结构和程序。天线的重量和体积将大大超过卫星本身，特别是要花很多钱，还不保证天线一定能在太空打开。

这也不符合世界上最小卫星的设计标准和要求。这可难坏了"月亮女神"团队，她们一筹莫展。

科学，不钻牛角尖！科学的一大功能就是将复杂的问题简单化。

女大学生们大多是数学、物理学和工程学的高才生，还有学习哲学的，有的偏爱艺术。她们各自发挥特长，进入想象的天空。阿曼达，这位哲学系的女大学生将天线特性归纳为：导电、折叠、弯曲、缠绕、坚韧、弹性、打开等。她们必须寻找具有这些特性的部件，但具有这些特性的部件在哪儿呢？

一般人认为：哲学与艺术是文科，与制造卫星的理工科完全不同。错啦！哲学是一门社会科学。哲学善于分析和归纳，让思想更有广度、深度、理性和逻辑性。世界上伟大的领袖、伟大的科学家和发明家，很多都是哲学家。世界上伟大的科学和工程都让哲学家参与设计。

一天，这位哲学系的女大学生阿曼达一边嘴里嘟囔着天线的特性，一边整理卫星的各个部件。她将一个小榔头随手扔入工具箱。突然，一只卷尺弹了出来。阿曼达眼前一亮："卷尺！它不就具备导电、折叠、弯曲、缠绕、坚韧、弹性、打开等特性吗？天哪，远在天边近在眼前！"

天无绝人之路！卷尺就是最好的天线。经过试验，卷尺的通信效果极好！

从导电到缠绕，是思维方式的一小步，却是制造卫星的一大步。想象力比知识更重要！

"月神"计划中 3 颗卫星的天线用的都是一个小五金店里买来的卷尺。女大学生们将卷尺的钢皮弯曲、缠绕和包裹在卫星外面。进入太空后，卫星从分离机构弹出，会自动弹开卷尺的钢皮。天线就这样毫无悬念地打开了，既简单又保险，不会出错。

🔵 卫星的内部与卷尺天线

"月神"计划的 3 颗卫星分别被命名为"塞尔玛"、"路易丝"和"蛋白石"。它们都有太阳能电池和可展开天线。"塞尔玛"重 0.5 千克，宽 0.2 米，长 0.3 米；"路易丝"重 0.5 千克，宽 0.2 米，长 0.3 米；"蛋白石"重 0.2 千克，宽 0.1 米，长 0.2 米。这 3 颗卫星重量共计 1.2 千克，设计寿命 15 天。

特丽萨说："我们花了总共 5380 个小时，每人每星期至少 20 个小时。"女大学生们在学习卫星理论、通信技术、太空知识、轨道力学、卫星设计等科学理论上用去其中一大半时间。真正的卫星研制、制造和测试的时间几乎很少。

🔵 卫星的卷尺天线

"塞尔玛"和"路易丝"的科学任务是试验卫星在极端恶劣环境中生存，研究闪电对电离层的影响，测量甚低频无线电信号。"蛋白石"的科学任务是试验信标发送机、卫星广播和地面接收能力。

2000 年 1 月 26 日，美国空军在范登堡空军基地

🔵 "塞尔玛"、"路易丝"和"蛋白石"卫星

发射了 11 颗卫星，其中包括女大学生们的 3 颗卫星。火箭成功发射，女大学生们的 3 颗卫星进入近地点 750 千米，远地点 805 千米，轨道倾角 100.22°，轨道周期 99.6 分钟的轨道。

世界上第一颗大学生卫星发射成功！女大学生们一片欢呼。圣塔克拉拉大学成为一些大学生心中的圣地。许多著名大学的学生愿意放弃原来的大学，到圣塔克拉拉大学读书。

不幸的是，半个月之后，卫星完成任务，先后失踪，再没有收到任何信息。不论怎样说，大学生卫星研发让太空更壮美！

思维方式的一小步，制造卫星的一大步。"月神"计划意义非凡，它拉开了学生卫星研发的序幕！

从此，世界上几百颗小卫星，包括美国国防部、美国空军、美国中央情报局和各个国家的小卫星，都用卷尺或类似卷尺的物体当天线。

卫星不在大小，只要有一颗科学、智慧和追梦的心！

⬆ 卷尺当天线的小卫星

7.2 立方体卫星

这是一个自由幻想的结晶。

这是一个点石成金的妙法。

一颗极小而超越梦想的卫星，智慧为它插上一双翅膀。课桌上诞生的小精灵们飞向各自轨道，展示科技、智慧的魅力，越小越闪亮！

美国加利福尼亚州圣路易斯·奥比斯波市风光优美，葡萄酒令人陶醉。这里更让人陶醉的是坐落着一座著名大学——加州理工学院。加州理工学院的座右铭是"从实践中学习"。这个教育理念鼓励学生通过课堂理论与实验室练习、社会实践相结合，解决现实世界的难题。

在加州理工学院，有一位长着络腮胡子的航空航天工程学教授霍尔迪·苏安里。他在学校是一位教授，出了校门就是捡破烂的破烂王。他夫人说："他把什么破烂都捡回家，整个家就是个老鼠窝，一天到晚臭烘烘的。"

苏安里爱动脑，也爱动手。他曾用垃圾堆里捡来的破烂造了一个飞行机器人和一颗小卫星，让飞行机器人驮着小卫星进行飞行试验。其他教授对他的评价是"身上臭烘烘，脑子亮晶晶"；学生对他的评价是"用手指头爬上太空

想象力比知识更重要

的卫星专家"。

成绩好，不一定成功；思维好，才最成功！

当你进入加利福尼亚州帕洛阿尔托市，你会发现，这里到处洋溢着学术的气氛。如果一位扫垃圾的清洁工用扫把在地面上计算线性代数，或一位保安讨论气动声学噪声的产生，请别大惊小怪！因为这儿有一所世界最杰出的大学——斯坦福大学。

↑ 加州理工学院航天学教授霍尔迪·苏安里　↑ 斯坦福大学航空航天学教授鲍伯·特维格

斯坦福大学的教师和校友创办了许多公司，包括谷歌、惠普、耐克、雅虎、太阳计算机系统公司。校友们创办的公司年收入超过27 000亿美元，创造的财富相当于世界第十大经济体。斯坦福大学共诞生过83位诺贝尔奖获得者，30多名亿万富翁，17名宇航员。斯坦福大学的校训是"让自由之风劲吹"。

"我不可能获得诺贝尔奖，但可以培养获得诺贝尔奖的人。"斯坦福大学航空航天学教授鲍伯·特维格说话慢腾腾，但思维比计算机还快。他常这样教导学生："请不要将科学砸在手背上，而要捏在手心里。同学们，请用智慧解开未知的奥秘！"

特维格一天到晚望着太空：怎样普及航天知识和卫星科学？

航天，必须充满激情！

霍尔迪·苏安里教授和鲍伯·特维格教授相识于地球，梦想相会于太空。1999年初开始，两位教授认为：科学发展到今天，已经发射了微卫星、纳米卫星和皮卫星，大学生已经拥有研制卫星的可能性。

苏安里教授认为："大学生卫星既不能太大，也不能太难，更不能太贵。"这是一种什么样的卫星呢？这种卫星可能吗？

苏安里教授有一个馊主意："只要能飞上天，卫星可以长得像一朵鲜花。"

特维格教授建议："根据工程设计原理，必须为大学生卫星制订一个标准。大学生卫星都按照一个标准研制，体现标准、统一、公平的原则。"

什么模样的卫星，多大的卫星，什么重量的卫星才是标准呢？一天，特维格教授来到一家商店，在大门口被一只宠物犬绊了一脚，跌跌撞撞地绕道走进超市。突然，他看见前方的展柜上正在展示豆豆娃，下面是一个立方体的塑料盒。他灵光乍现：立方体，具有稳定性和整体性。它恰好体现了大学生的卫星标准：结构简单，任意组合，千变万化。

没有规矩，不成方圆！特维格教授认为，应当以边长 10 厘米的立方体作为一种卫星标

越小越闪亮——立方体卫星

准。1999 年夏天，特维格向苏安里教授提出了这一想法。苏安里教授提议：那就将大学生卫星命名为立方体卫星。立方体卫星为大学生研制卫星指明了方向，意义重大。

1999 年 11 月，在美日举行的科学、技术和太空应用大会上，两位教授首先提出了立方体卫星的概念，并制定了一个立方体卫星的标准。加州理工学院和斯坦福大学成为推广立方体卫星计划的先锋。全世界大学生掀起了研发立方体卫星，研究太空科学和发扬探索精神的潮流。

什么是立方体卫星呢？

它的英文名字是 Cube Sat，Cube 是立方体的意思，Sat 是卫星的英文 Satellite 的简写。这时，立方体卫星已经成为一个卫星标准，又是一个卫星计划。立方体卫星也是一个教育计划。学生通过设计、研制立方体卫星，学习、理解、掌握世界先进的卫星技术和太空知识，提高想象力、创造力、动手能力和团队精神。

特维格教授介绍道：立方体卫星是指长宽高分别为 10 厘米的倍数的小卫

⋂ 1U 立方体卫星

⋂ 2U 立方体卫星

⋂ 一种变形的立方体卫星

星。它的重量不超过 1.33 千克。立方体卫星通常采用五金店和超市里现成的电子元件和零部件，研制费用控制在 6.5 万~8 万美元。卫星小，但功能齐全，比大卫星便宜多了。立方体卫星将帮助学生完成太空科学实践和探索。

按规定，立方体卫星标准将 10 厘米×10 厘米×10 厘米作为一个 Unit（单位），简称 1U。1U 立方体卫星为标准型，尺寸为 10 厘米×10 厘米×10 厘米，重量 1 千克；2U 立方体卫星的尺寸为 20 厘米×10 厘米×10 厘米，重量 2 千克；3U 立方体卫星的尺寸为 30 厘米×10 厘米×10 厘米，重量 3 千克，0.5U 立方体卫星为 5 厘米×10 厘米×10 厘米，重量 0.5 千克。

立方体卫星相当于一个大魔方，可以 2 个或 3 个连接在一起，共同组成一颗卫星。近年来，同学们已经提出更大、更复杂、更多功能的立方体卫星，如 24 厘米×24 厘米×36 厘米的立方体卫星，甚至更大、更复杂的立方体卫星。它的功能大大扩展，超出了学术研究和技术验证卫星，成为更复杂的科学和国防科学卫星。各种变形的立方体卫星也层出不穷。

立方体卫星必须物美价廉，对体积和重量的要求苛刻，必定要采用微电子技术和微机械技术。因为体积和重量的限制，绝大多数立方体卫星都将太阳能帆板集成到卫星表面。根据主要任务，卫星装载一种或两种科学仪器，执行一定的任务。

立方体卫星运行轨道一般在250~1 000千米的低轨道上。立方体卫星几乎不带燃料，设计寿命短的只有几天，长的几个月，最多的 2~3 年。大部分立方体卫星没有推进系统，靠火箭给它的初始速度飞行。现在，有的立方体卫星使用微型的离子调姿火箭，立方体卫星的技术和功能越来越接近大卫星。

⬆ 3U 立方体卫星

在太空这个自由的空间玩高科技玩具，能充分启发大学生的想象力和创造力。大部分立方体卫星是科学试验卫星，种类也仿真大卫星，有地球观测卫星、通信卫星、气象卫星、导航卫星、照相侦察卫星和技术试验卫星等。

在课桌上能造卫星吗？全世界上百所理工大学制订了立方体卫星

⬆ "毕加索"立方体卫星

计划。各大学一般招收理工科一、二年级的学生，4~6 人自主组成研发小组。第一年以教授太空知识、卫星系统工程学基础理论及卫星系统设计概念为主；第二年重点是立方体卫星系统的总体设计，各分系统的细部设计；第三年制造卫星；第四年测试卫星，提高卫星理论和技术。

学生们必须了解和掌握宇宙学、太空学、天文学、太空环境学、太空动力学、轨道力学、光学、卫星通信学、卫星应用学、卫星设计理论、卫星的结构功能和系统原理等学科。学生们经过系统学习，再根据各自的专业，分别设计各分系统。

立方体卫星虽小，但五脏俱全。卫星上的很多部件，如图像传感器、微波发射机、分析仪、激光光纤陀螺、电动机等都尽可能做到最小。它们集成在半导体基片上，构成立方体卫星的基本组成部分。

卫星电子元件和小型仪器的功能，都集成到一个很小的半导体芯片上。一个由电池供电的微型芯片就可以完成一台仪器的作用，而不必再使用太阳能帆板，大大减轻部件的重量。各个分系统、小部件组装成卫星，经过分系统测

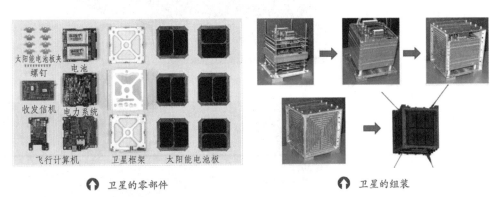

卫星的零部件　　　　　　　　　　　卫星的组装

试、综合测试、地面测试和太空环境测试，测试优秀后就可进入发射程序。一颗高科技的卫星在自己的手里诞生。

大学生们十分欣赏自己的作品，把它作为艺术品送给太空。2003 年 6 月 30 日，丹麦奥尔堡大学的世界上第一颗立方体卫星，在俄罗斯搭乘"呼啸"号运载火箭发射升空。到 2013 年底，全世界 50 多个国家的大学生、公司和机构已发射 113 颗立方体卫星，其中有一颗高中生立方体卫星。截至 2019 年 12 月，全世界共计发射了 1 000 多颗立方体卫星，其中有一颗小学生立方体卫星。

最近几年，立方体卫星越造越大，越造越精，越造功能越多，研制费用提高到 10 万~12.5 万美元。立方体卫星计划及知识在发达国家已经普及。随着时间推移，立方体卫星标准已经成为一个行业标准。世界各地的许多大学、企业

和政府组织愿意研发立方体卫星。立方体卫星标准被广泛采用，成为世界标准。

美国冯·卡门研究所提出一个一箭发射50颗立方体卫星，组建太空卫星监测网的计划，由欧盟资助。欧洲19个国家的大学提供35颗，美国、加拿大和日本的大学分别提供10颗、2颗和3颗。

2015年，各国50颗立方体卫星

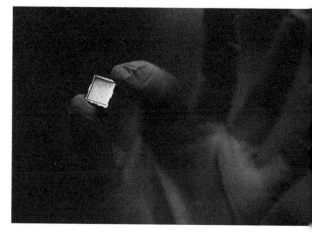

小芯片，大功能

已经列入发射计划。立方体卫星技术全面蓬勃发展，提出许多新技术、新功能和新设想，如电器插件、活动结构、即插即用、功能变换、分形组合、虚拟卫星、3D打印卫星等概念。卫星真的可以长得像一朵鲜花。

立方体卫星属于纳米卫星，但有极高的军事价值。美国空军宣称：世界上先进的太空探测系统可以探测几百千米太空中10厘米的飞行体，但很难找到立方体卫星，更别说攻击和摧毁它。

立方体卫星体积小，重量轻，拥有很大优势。它们可以在未来太空战中快速、大量部署。如果发射战斗立方体卫星，不是附在敌星上窃听秘密，就是给敌星钻个孔撒气，甚至将敌星打爆头。

目前，美国国防部、美国空军学院、美国空军技术学院、美国空军研究生学院、美国空军先进计划局、美国西点军校、美国海军学院、美国陆军太空与导弹防御司令部，以及美国宇航局喷气推进实验室都研制发射了立方体卫星，试验各种可能性。

立方体卫星，激励着全世界的大学生们。科技，永远是第一生产力。科技，永远是第一战斗力。

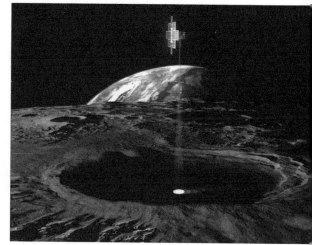

月球立方体探测器

7.3 点石成金——学生怎样研制卫星

学生能造卫星吗？

在课桌上造卫星难吗？

怎样造出学生卫星呢？

高科技能让梦想飞到未来吗？

请不要做一个收藏梦想的人！请做一个点石成金、梦想成真的人。当你凝聚青春的热情，就能探索心灵的成长，品尝科学的味道，开阔全新的视野。学生们就会成为未来的卫星设计师或者未来航天的领导者。

人造卫星像一个魔法师，变幻出无数精灵，浑身散发高科技的光芒。它的种类比较复杂，主要按性质、用途、功能、轨道高度、轨道运行方向分类。20世纪 90 年代，英国萨里大学首先提出按重量分类卫星的概念和标准：小于 500千克的统称为小卫星。具体如下表。

小卫星分类

卫星	英文名	重量（千克）
小卫星	Smallsat	100~500
微型卫星	Microsat	10~100
纳米卫星	Nanosat	1~10
皮卫星	Picosat	0.1~1
飞卫星	Femtosat	0.1 以下

小卫星的概念和标准为学生研制卫星提供了方向，打开了通向太空的大门。美国斯坦福大学和加州理工学院首先提出了"立方体"卫星的学生卫星计划，得到许多大学的响应。

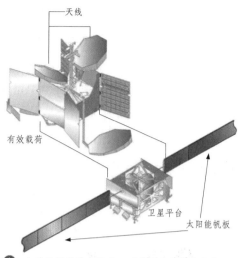

人造卫星的基本组成：卫星平台和有效载荷

人造卫星的构成是怎样的呢？

人造卫星主要分为两大部分：卫星平台和有效载荷。包括许多分系统和许多卫星部件，如天线、发射机、接收机、计算机、数字信号处理器、数据记录器、推进系统、太阳能帆板、蓄电池和飞行软件等。

卫星平台相当于一辆汽车，用于运载、控制和飞行，是卫星的身体、心脏和大脑，保障卫星安全飞行和有效工作。卫星平台属于公用系统，可用于各种卫星。它主要由结构系统、电源系统、温度控制系统、无线电测控系统、姿态控制系统和飞行控制系统等组成。

有效载荷相当于汽车上的乘客、摄像头、导航仪和行李等。卫星搭载的科学仪器称为有效载荷，简单点可以称为科学仪器。根据卫星不同用途和功能，有效载荷都是特有的、完全不同的专用系统。如果是通信卫星，就装载天线、接收器和转发器；如果是天文卫星，就装载太空望远镜；如果是地球观测卫星、照相侦察卫星，就安装照相机、多光谱相机、立体摄像机、侧视雷达、红外线成像仪等专用系统。

学生卫星是指由大学生、中学生和小学生独立研发的卫星。

学生研制的卫星的特点是：采用市场上通用的零部件，体积小、重量轻、结构简单、功能单一、价格低廉。学生卫星与科学家研制的大卫星一样，都能飞上天空，达到一定的科学目标或完成一定的任务。

怎样研制学生卫星呢？

学生研制卫星要组织一个团队。每位成员都学有专长、富有激情、热爱航天科学，具备想象力、创造力、动手能力和团队精神。学生研制卫星主要分为四大程序：卫星理论、卫星设计、卫星制造和卫星测试。

第一，怎样让想象成为蓝图？

如果想让卫星飞上太空，必须学习一些简单的卫星理论。卫星理论包括太空知识、航天知识、卫星原理、卫星技术、飞行原理、空气动力学、轨道动力学、电子技术、推进技术、传热学、结构力学、气动弹性力学、人机工程学等。

我们知道太空环境极度恶劣，最冷可达-270℃。在地球附近的太空，环境也非常恶劣。当卫星飞行到地球的白天一面时，阳光照射到卫星上，表面温度达到121℃~250℃。当卫星飞行到地球的夜晚一面时，卫星照射不到阳光，表面温度低到-156℃左右。

当了解了太空环境和温度，我们就知道应该怎样克服它。当了解了卫星飞行原理，就知道该怎样制作卫星了。当知道了无线电原理，就知道怎样制造转发器。

卫星理论，让我们有了太空飞行的想象和蓝图。

第二，超梦幻设计。

学生要确定自己制造一颗什么样的卫星，是装载照相机的地球观测卫星，是带无线电转发器的通信卫星，还是装了望远镜的天文卫星。根据要研制的卫星类型，制造过程从总体设计开始，再将卫星系统分解成几个分系统。

几位成员负责一个分系统的设计，将分系统又分解成若干零部件。所有分系统设计集成在一起就是一个卫星系统，制作成一个1比1的模型。

飞行软件设计也比较简单，如同

太阳敏感器
地平传感器
等离子体推进器的电源
等离子体推进器的电极
摄像头，能从手机屏幕看见图像
直流电机反应轮
高性能计算板
wifi电台，可与移动电话通信

🔘 卫星的零部件和结构

🔘 零部件组成卫星

设计电子游戏软件。

如果要设计一颗地球观测卫星，就分为5个分系统：结构系统、热防护系统、太阳能帆板、通信系统和摄像系统。前3个分系统属于卫星平台，后2个系统属于有效载荷。

结构系统是卫星的骨架，可合理安排布局其他系统。热防护系统可防止太阳照射和卫星内部热量散发。太阳能帆板是卫星的电力来源和存储，保障卫星生存。

通信系统用于卫星与地面的无线电联系。摄像系统必须选择一种高清晰度的照相机。

第三，卫星变成小精灵。

卫星研制是一项光荣而艰巨的任务。当我们把学到的知识运用到实处，将卫星分解成许多小零部件，每个人只负责几个零部件，一切问题就变得简单了。卫星的零部件大部分可以在市场上买到，五金电器店里到处都有零部件，废电视、电脑、手机里也有很多零部件。

告诉你一个小秘密：智能手机很小、很轻，里面有很多可用于制造卫星的零部件。它具备了地球观测卫星的结构系统、太阳能帆板、通信系统和摄像系统的基本技术和部件。如果将手机的锂电池改造为太阳能电池阵列，再寻找一种能够保障卫星热量平衡的热防护系统，那就是一颗完美的地球观测卫星了。

如果我们自己加工卫星零部件，必须十分严格、认真，一丝不苟。空气必须经过清洁过滤。这就是说空气要非常纯净，没有一点点灰尘；周围不能有其他的无线电波，防止产生磁场干扰等。如果我们把学到的知识运用到实

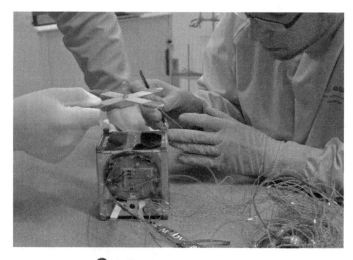

⊙ 组装卫星

处，那才是最大的快乐。

第四，卫星是个万人迷。

为了安全性和可靠性，卫星要进行许多次体检。在总装完成后，卫星将被送到宇航研究所、大学实验室等测试单位进行综合测试，以及结构、热控、测控、天线、数据管理、太空环境、电性能等分系统测试。

当一切合格，一颗我们自己制造的卫星就诞生了。它将在卫星发射基地等待倒计时。

100 多年前，有科学家断言，重于空气的物体不可能飞上天空；现在，太空飞机早已飞上了太空。50 多年前，卫星是世界最高科技；现在，大多数国家发射和拥有了卫星。30 年前，科学家认为大学生不可能造卫星；现在，小学生的卫星早已遨游太空。

科学，就是将复杂问题简单化。现在，卫星科学和卫星技术已经普及，在图书馆、书店和网络可以查询到各种卫星原理和制作技术；卫星的零部件都是现成的。2019 年，世界各国共发射 100 多颗大学生卫星。据说，英国、挪威、澳大利亚、日本的初中生、小学生卫星也将升空。

航天，能看见更远的未来！

7.4 梦想成真——"杰弗逊"高中生卫星

一个思想火花能点燃太空吗？

几双小手能创造什么样的神奇？

"总统"能飞上太空吗？

思想到底能走多远？

高中生卫星见证了太空飞行的奇迹，破译了航天科学的神秘，更打开了一片想象的太空。当它在太空翱翔的时候，你能否迸发出对航天科学的激情，突破太空梦想的疆界，飞行出壮丽辉煌的人生？

1826 年 7 月 4 日，美国《独立宣言》诞生 50 周年纪念日。这天，一代伟人托马斯·杰弗逊去世。托马斯·杰弗逊是美国的开国元勋，《独立宣言》的主要起草者，美国第三任总统，被评为美国最伟大的总统之一。

杰弗逊是一位杰出的政治家，追求科学与真理，弘扬民主自由和人人平等，一生光明正大。他是一位伟大的思想家，特别强调思想自由，鼓励创新发明，反对任何束缚思想自由的行为。在华盛顿哥伦比亚特区有一座杰弗逊总统纪念馆，杰弗逊雕像最醒目的前方镌刻着：我向上帝保证，永远敌视一切对人类思想的专制。

为了纪念和对他表示尊敬，美国著名的国会山有杰弗逊总统的伟人雕像，全美国至少有 16 所以托马斯·杰弗逊命名的中学。在美国弗吉尼亚州亚历山大市有一所公立中学——托马斯·杰弗逊高中。

这是一所名不见经传，普通得不能再普通的学校。

然而，这里的一大办学特点，是让学生们全面发展，动眼、动嘴、动手，更要动脑。老师们常说："你可以成绩不佳，但不能没有爱好。"学校鼓励学生发挥自己的天赋，尽自己的能力解决各种各样的问题，激发学生的协同精神，让他们在未来的大学生涯中保持这种习惯。

杰弗逊高中越办越好。近 10 年，已经取得多种竞赛的连胜。杰弗逊高中的师生们在思考一个问题：怎样能一鸣惊人？有的学生说："如果造一个会思考、爱饶舌的机器人，可在科学辩论会上得金奖。"有的学生提议："咱们研制一辆用心灵和思想控制的轮椅，让残疾人走遍天涯。"一个黄毛小丫头说："为什么不造一颗卫星，那才是最高科技。"

一石激起千层浪。有些老师认为：高中生造卫星，那简直是天方夜谭！经过拜访卫星专家、航天专家和技术评估，高中生造卫星是可行的。卫星技术正朝着纳米化、普及化方向发展，大学生们已经发射了很多卫星，高中生只要努力一把，照样可以发射卫星。埃文格·雷泽校长激动地宣布："干吧！在科学的道路上杀开一条血路！杰弗逊高中将创造历史！"

2006 年，杰弗逊高中的学生准备建造世界上第一颗高中生卫星。

高中生卫星项目完全按照航天工程的方式进行研制：先学航天理论，再讲航天技术，最后进行航天工程。卫星项目被分解成几个子系统，分配到每一个小组。每个小组由一名导师和几名学生组成，负责研制一个子系统。

许多成绩很优秀的同学并没有入选。那些很机灵、爱动手、满脑子金点子的学生成为卫星设计师。在 7 年时间中，大约 50 名高中学生参与研究、设计和制造一颗 1U 立方体卫星。卫星部件都是在市场上采购的，资金则来自美国轨道科学公司的 3 万美元捐款。

这颗高中生卫星取名为"托马斯·杰弗逊"，是第一颗以美国总统的名字命名的卫星。它长 0.1 米，宽 0.1 米，高 0.11 米，重量 0.89 千克，发射机最大功率 1 瓦，太阳能帆板产生电力平均小于 3 瓦，设计寿命 6 个月，轨道寿命2~4 年。

"托马斯·杰弗逊"立方体卫星计划徽章

卫星的各种飞行软件和代码、环境温度系统、电源系统、太阳能帆板、太阳能电池等均通过美国空军测试验证。"托马斯·杰弗逊"立方体卫星的个子不大，但名气很大。

2011 年 9 月 16 日，美国第 44 任总统贝拉克·奥巴马听说高中生在研制卫星，也来到杰弗逊高中，观看高中生制作的卫星。奥巴马参观了学校，详细观赏了学生们的科技杰作："托马斯·杰弗逊"卫星、一辆心灵控制的轮椅、一个机器人和一个发光浮标。

在美国当总统并不容易，常常会遭到媒体和百姓的嘲笑和调侃。奥巴马是美国历史上第一位非洲裔总统。奥巴马具有清新俊美的外表，奥式特色的口音，一成不变的衬衫领带，特别是那永远不变的微笑——像个机器人。

当奥巴马来到机器人旁边，机器人突然出现一个视频："奥巴马总统，你是个机器人吗？"奥巴马傻笑着说："机器人先生，我是人类。我的微笑都是发自内心的，但人家说我的微笑都是装出来的，像个机器人。这点，我们很相似。"

机器人说："你也许已经注意到了，机器人无处不在，从事各种各样的工作。它们或在农场工作，或正在打扫地毯，或为我们送上咖啡，甚至监督学生考试。如果一位舞蹈机器人上来邀请你跳舞，总统先生，你会关注她的身姿吗？能跳准每一个舞步吗？"奥巴马脖子一缩，装作拉下脸说："我不能跟美女跳舞！夫人米歇尔要吃醋的！"

奥巴马喜欢与卫星玩，至少卫星不会讽刺挖苦他。

"托马斯·杰弗逊"立方体卫星的芯片

在看见"托马斯·杰弗逊"卫星后，奥巴马总统以崇敬的眼光一遍一遍地仔细端详，耸耸肩长叹一声："真是不可想象！"

奥巴马问："卫星由谁发射呢？"老师答："美国轨道科学公司愿意发射卫星。"

同学们认为：美国总统爱抚过卫星，"托马斯·杰弗逊"立方体卫星应该被称为"总统"卫星。

奥巴马询问道："'总统'能飞上太空吗？"

同学们回答：只要火箭发射成功，"总统"卫星肯定没问题。

"托马斯·杰弗逊"立方体卫星

他高兴地提议："同学们，再努力一下，把我也发射上太空。我感觉当总统太难了，还是当卫星自由一些。"

按照惯例和规定，在拍照留念时，美国总统应该站在最中间。可这回，奥巴马一定要让同学们站在中间："同学们更伟大，我只是一个总统。"

奥巴马又露出他那机器人一般的微笑。

随后，奥巴马总统进入学校的体育馆。在那里，他进行了一场激情洋溢的演讲，他说道："发明与专利改革对美国的创新和促进长期经济增长具有重要作用。"

演讲结束后，奥巴马总统大笔一挥，签署了新版《美国专利法》。这是近60年来《美国专利法》最大、最全面的一次修订，被誉为鼓励发明、保护创新、增加就业的里程碑事件。《美国专利法》将给美国发明专利制度带来深远的影响。

为什么奥巴马总统在杰弗逊高中签署这么重要的法律呢？因为杰斐逊高中的"托马斯·杰弗逊"卫星本身就是一项重大发明，就是一项史无前例的创新，就是一次思想自由的典范，特别是这是一帮孩子们的壮举。

在杰弗逊高中签署《美国专利法》，具有重大和深远的意义。

2013 年 11 月 20 日，在美国东海岸的弗吉尼亚州瓦勒普斯岛中大西洋航天港，一枚"人牛怪"号运载火箭昂首挺立。

"人牛怪-1"号运载火箭由美国轨道科学公司制造，高 19.21 米，直径 1.67 米，重 36 200 千克。它可以将 580 千克有效载荷送到轨道高度 185 千米、轨道倾角 28.5°的低地球轨道。

10，9，8，7，6，5，4，3，2，1，点火！

8 时 15 分 23 秒，"人牛怪-1"号运载火箭腾空而起，朝东南方向飞驰而去。

不到 10 分钟后，飞控中心宣布："人牛怪-1"号已将 30 颗卫星送入太空。

"人牛怪-1"号运载火箭

"托马斯·杰弗逊"立方体卫星终于进入太空。它真的成为世界上第一颗高中生卫星。

见证奇迹的时刻到了！

"托马斯·杰弗逊"卫星运行在轨道高度 500 千米、轨道倾角 40.5°、轨道周期 89 分钟的低轨道上。它传输基本遥测数据，如电压、温度、CPU 的状态等。特别有趣的是一台语音合成器，可以进行 ASC II 编码，将文本信息转换为模拟语音信号。它的上行频率为 145.980 兆赫，下行频率为 437.320 兆赫。

为了表达纯真的敬意，世界著名科学家、用眼睛讲述宇宙发展史的英国剑桥大学教授斯蒂芬·霍金亲自发了一封短信。这封短信很有意思，语音合成器发出的伦敦腔英语是："亲爱的同学们，这是你们的节日！'总统'也能上太空。你们可以大声说：'有的总统说我们年纪小……'"

这是一封只有一半内容的短信，非常奇怪。

又传来好消息！

世界各地学生通过卫星上的语音合成器纷纷发送祝贺邮件到杰弗逊高中，并与世界各地的朋友和家人交流。一天，一个陌生人发来一则语音短信："虽说你们年纪小，但你们的功夫高！——美国总统奥巴马。"

🎧 "托马斯·杰弗逊"卫星在太空飞行

"托马斯·杰弗逊"立方体卫星震撼了世界。它的主要目标是作为一个教育推广项目，鼓励其他教育机构探索太空和创造奇迹。"托马斯·杰弗逊"立方体卫星为全世界的中小学教育树立了光辉的榜样。

小小卫星，改变了学校！从 2007 年至 2013 年，美国《新闻与世界报道》将杰斐逊高中评为美国最佳公立学校。2014 年，美国《新闻周刊》排名中，杰弗逊高中为年度"美国顶尖学校"。杰斐逊高中成为全美国高中生心目中的"麦加"，谁都想进入这个校园。

平时斯文优雅的埃文格·雷泽校长，也像师生们一样疯狂："这是震撼世界的壮举！……感谢卫星的恩典！" 2016 年底，学校已经花费约 8 900 万美元，经历一次重大改造，完成扩大校园计划，招收更多胸怀航天梦的中学生。

智慧到底能走多远？思想有多远，智慧就能走多远。杰弗逊高中创造了历史，永垂航天史册。

7.5 越小越闪亮——世界上第一颗小学生卫星

梦想不分大小，每一个梦想都值得努力！

在美国弗吉尼亚州阿灵顿市，有一座圣·托马斯·莫尔学校。这是一座拥有幼儿园、学前班、小学的学校，共有 400 名学生。圣·托马斯·莫尔学校的校训是：什么都可以学会！

2012 年，莫尔学校组织学生，参观了史密森航空航天博物馆的航天飞机模型。第二天，学校集合学生们列队，在操场上排列出航天飞机的形状。

校长爱莉诺·麦科马克说："如果我们排列出航天飞机的形状，也许宇航员可以从太空上看到我们。"学生们都高兴坏了！

这令人惊叹的视觉形象，激励了整个学校的学生。校长问同学们："我们能不能摘下天上的星星？"学生们高呼："如果我们认真学习卫星知识，就可能摘下天上的星星。"老师说："如果你们建造一颗卫星，就能亲自登上太空！"

⬆ 小学生们列队，排列出航天飞机的形状

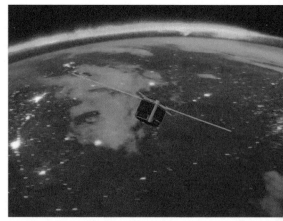

⬆ 卫星设计想象图

校长说："建造卫星的零部件就在超市、五金店、电器商店里，就看大家脑子灵不灵，动手能力强不强。同学们，有没有信心？"

"有！有！有！太有了！"学生们开始计划建造一颗纳米卫星，卫星被命名为"圣·托马斯·莫尔"号立方体地球观测卫星，又名"小学生卫星"。

学生们发誓：让世界各地的小朋友都看见这颗卫星！

什么都可以学会！

在美国宇航局"纳米卫星教育"计划下，美国宇航局曾邀请学校的老师到戈达德太空飞行中心进行实地考察。老师们先实地考察，然后再培训学生。

为了让学生们真正理解太空和太空探索，老师带着学生一起通读了一本书——《登月团队：40万人怎么让"阿波罗–11"号登陆月球》。在这一过程中，学生们学习了复杂的太空知识、卫星知识，知道了相互合作的重要性。

什么都可以学会！

建造这颗卫星的目的是让孩子们能够亲自动手，参与到太空项目中来。如果一切按计划进行，这颗小卫星将会从国际空间站，通过喷射的方式发射出去，并进入轨道。它将会对地球进行长达9个月的拍摄。

什么都可以学会！

莫尔学校一年级到八年级的400多名学生，都参与了设计、研制与检测小卫星。学前班、幼儿园的学生也积极听课，开动脑筋，提出许多令人啼笑皆非的疑问和建议。学生们进行动脑、动手、探究活动，进行实际设计和操作。

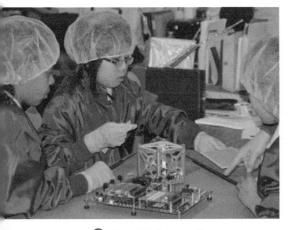

🎤 唉，这个有什么功能？

🎤 一名小学生展示卫星框架，真带劲！

世界上第一颗小学生建造的卫星——"圣·托马斯·莫尔"号立方体卫星诞生了。

小学生怎么建造卫星的呢?

美国宇航局戈达德太空飞行中心派遣科学家,指导学生的卫星总装、集成、测试和发射。学生们穿上防静电服,学会了如何焊接,如何安装构造脆弱的电子元器件。

莫尔学校将卫星送到麻省理工学院进行了各种测试。在卫星通信地面站,小学生们学会了如何操作无线电,如何与卫星建立通信。

家长们开始都眯起眼睛,摇摇头,不相信孩子们能造出卫星。小学生们说:"我们老师讲解了卫星原理、组成、构造、功能、系统、零部件、飞行、轨道、设计原理、设计程序、设计技巧、程序编辑、软件编辑等。"

"听得懂吗?"

"有的听得懂,有的听不懂。"

"听不懂,怎么办?"

"没关系!我只负责其中的一部分,一个系统懂了就干一个系统的事情。"

"卫星上的零件怎么造呢?"

"根据设计原理,我们到各个商店采购原材料,再加工一下,就组装成卫星。"

"造卫星如同玩拼图游戏,也如同搭积木。"

"我们的卫星要给地球拍照,并传输图像。"

"照片怎样传送到地球上呢?"

"我们学校有一个主地面站,全国各地的学校有远程地面站。我们只要接收卫星信号就行了。"

家长们听完后,都搂着自己的孩子亲吻:"我的孩子真聪明!"

位于梵蒂冈的天主教教皇方济各送来了一枚黄金十字架,并祝福小学生们:"你们让世界更美丽,愿上帝保佑卫星!"学生们高兴极了,将这枚黄金十字架镶嵌在卫星上面。

"圣·托马斯·莫尔"号立方体卫星重1千克,设计寿命为9个月。它包括地球观测相机、无线电收发器、太阳能电力系统、计算机系统、天线、一个研制小组签名的卡片和天主教教皇方济各送的十字架。

2015 年 12 月 6 日，"圣·托马斯·莫尔"号立方体卫星等 21 颗卫星和立方体卫星，与"天鹅座-4"号货运飞船一起，搭乘"宇宙神-5"号火箭发射升空，前往国际空间站。

⬆ 卫星的内部结构

⬆ 卫星的外观（上面有一个摄像头）

在国际空间站上，有一架专门发射立方体卫星的发射机。2016 年 5 月 16 日，发射机将"圣·托马斯·莫尔"号立方体卫星发射到太空。这个小精灵飞向自己的轨道上。它从太空俯瞰地球，每隔 30 秒拍摄一张照片，并传送给位于世界各地的学校，用于科学研究和教学。

这天，家长们与孩子们通过电视一起观看卫星发射。当发射成功的消息传来，孩子们都蹦跳起来：我们成功了！

"圣·托马斯·莫尔"号立方体卫星创造了历史，这是世界上第一颗小学生卫星，它终将成为传奇，永垂航天史册。

爱航天，爱科学，你也能成为传奇！

⬆ "圣·托马斯·莫尔"号立方体卫星（下）

⬆ 学生观看卫星发射实况

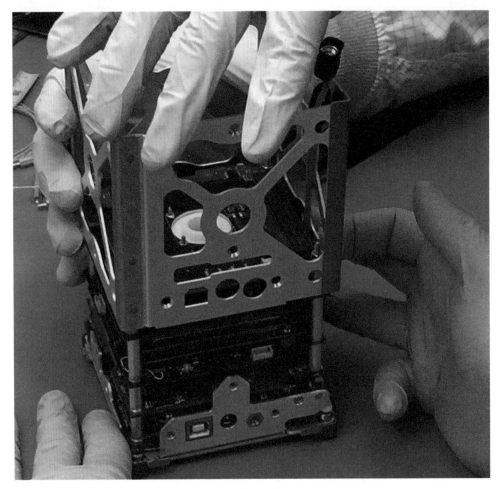

⬆ "圣·托马斯·莫尔"小学的第二颗立方体卫星将发射升空

在机器人即将诞生的时候，科学家就预见到机器人的进化速度会非常快。太空机器人飞赴太空，变成科学家、开心果和万人迷，没有生命也精彩！太空机器人，定会俘获你的心……

8.1 人形机器人

小城故事多，充满喜和乐

若是你到小城来，收获特别多

看似一幅画，听像一首歌

人生境界真善美，这里已包括……

在北京国家大剧院音乐厅，大幕拉开。一位身着红色旗袍、雍容华贵的"姑娘"彬彬有礼地闪亮登场。她甜甜一笑："我是邓丽君！谢谢父老乡亲光临！""邓丽君"唱起了《甜蜜蜜》《小城故事》《我只在乎你》《月亮代表我的心》等，音色甜美、清新优雅，荡气回肠。你一定会惊讶：邓丽君怎么又活了？若要问这是怎么回事，那就告诉你：这是人形机器人干的！

如果邓丽君复活，看见假邓丽君惟妙惟肖的精彩表演，也只能自叹不如。邓丽君不见得每次表演都十分成功，而假邓丽君每次都会表演得十分成功，超过邓丽君的最高音。

邓丽君演唱《小城故事》

各种人形机器人

邓丽君一定会大喊：天哪，世界变得太快了！

人形机器人，又称为仿人机器人、类人机器人。它是一种类似人类身体结构的机器人。

一般机器人与人形机器人共同的特点是都能帮助人类完成工作或科学任务。两者之间也有很大的区别：一般机器人只能根据逻辑程序完成指定的简单任务。人形机器人常常具备逻辑思维能力、形象思维能力、学习能力、思考能力、语言能力和很高的纠错能力。它能完全仿真人类的动作，完成高难度工作。

人形机器人是机械、电子、通信、信息、仿真、传感、材料、摄像、声光电、多媒体等技术的结晶和典范。人形机器人的意义重大，影响深远。它可能改变人类的科技、思想、社会和发展。

人形机器人可广泛应用于复杂、烦琐、危险的工作，如航天、航空、作战、排雷、深海探测、灾难抢险、自动流水线等。人形机器人能充当宇航员、飞行员、坦克手、侦察兵和敢死队员等。

人形机器人最先在太空这个大舞台创造奇迹。

在美国弗吉尼亚州阿灵顿广场附近，北伦道夫街675号，有一个世界上戒备最森严、保密最严格的绝密单位。它就是美国国防部高级研究计划局，号称"五角大楼大脑"。

1958年2月7日，为了应对苏联第一颗人造卫星的威胁，掌控地球的领导权和冷战的主动权，美国成立了研制各项尖端武器的管理机关——美国国防部高级研究计划局。它隶属于美国国防部，专门负责组织、研究、管理各种最先进和未来作战的武器。

60多年来，高级研究计划局已为美国国防部、陆海空军、太空军和各特种司令部研发了大量先进武器和技术，如洲际导弹、核试验探测、无人机、太空飞机、GPS导航卫星、红外侦察卫星、隐形卫星、激光武器、迷幻武器、机器人战士、互联网控制技术、语音转换文字技术、人造血技术、亚微米电子技术、复合材料技术、未来作战系统、网络中心战系统、超媒体系统、虚拟现实系统、量子通信、癌症医疗、基因编辑、星际飞船、星际旅行等。

美国国防部高级研究计划局一共有多少人呢？2018年，它一共有240名官兵和科学家，年度预算29.7亿美元，研究费用极高。它拥有高效的研究和

🔊 战斗骡子：如果摔倒了，还会立马爬起来

🔊 微型侦察机器鸟：看不见，打不着

🔊 作战机器人

管理团队，创新和诞生了许多未来科技，为美国积累了雄厚的高科技资源，领导美国、世界的高科技研发。这里的科学家骄傲地说：高科技常常让美国感到惊喜，也让敌人感到惊讶。

8.2 太空机器人

在太空探索中，宇航员常常要冒着极大的风险，且事倍功半。什么东西能超越人类，事半功倍而无风险呢？它就是人类智慧与科技的结晶——太空机器人。

虽然没有生命，但太空机器人已具备相当的智慧和主观能动性。太空机器人按照人形设计，在智力、力量、耐力、运动范围、灵活性、适应性等方面远远超过宇航员。

太空机器人能通过灵敏的操纵，胜任宇航员的功能和工作，甚至超过宇航员，号称机器人宇航员。太空机器人与人类并肩工作，太空探索的广度和深度就大大扩大。

2000 年，美国宇航局约翰逊航天中心与美国国防部高级研究计划局合作研发了第一代机器人宇航员——"灵巧-1"号。2003 年，"灵巧-1"号完全智能化，能够代替宇航员工作，还能干许多宇航员干不

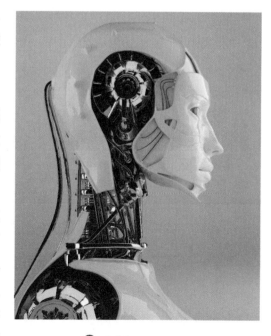

🔊 太空机器人的大脑

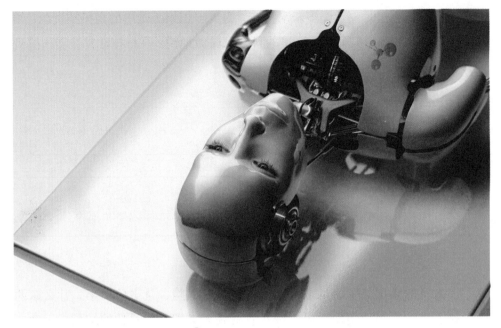

🔈 太空机器人的头部

了的工作。

　　机器人宇航员不仅是一个智能工具，一门高科技技术，还是一个想象力丰富的艺术品。

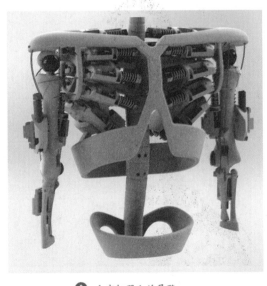

🔈 太空机器人的骨骼

　　2009 年 7 月 28 日，美国宇航局宣布：第二代机器人宇航员"灵巧–2"号出世。它更快、更灵巧，科技含量更高，超出前任的工作范围和能力。"灵巧–2"号由美国宇航局约翰逊航天中心和美国通用公司合作研制。

　　"祝你生日快乐！祝你生日快乐……" 2009 年 7 月 28 日，"灵巧–2"号生日当天，它加入了美国宇航局航天员队伍。宇航专家为"灵巧–2"号穿上了新衣服。

新衣服的一侧有美国宇航局的徽章，另一侧有美国通用公司的徽章。

20多年来，国际空间站已经接待了来自15个国家200多人的访问。2010年4月19日，美国宇航局宣布："灵巧–2"号将进入国际空间站。自此拉开了机器人以宇航员的身份进入太空的大幕，必定会创造一系列航天纪录。

太空机器人，太空有你更美丽！

 太空机器人的结构：骨骼、肌肉和神经

8.3 太空万人迷

"灵巧–2"号（小名"灵巧"），号称太空万人迷。

"灵巧"，酷似人类，体重222千克，肩宽0.82米。"灵巧"的上身按照足球运动员的健壮身材比例设计。它的两条腿特别长，双腿完全伸直后，身高2.44米。

"灵巧"的手脚特别灵活。它的手指和手臂很灵敏，会轻轻地打针，能捡起一根针，一捏网球就能精确知道尺寸。它有双手搬运和移动36千克重量的能力，也能举起一个人。它每根手指大约有2.25千克的抓取力。灵巧的双脚不但能走路，还能360°扭转，肢体运动速度可达2.1米/秒。

如果需要攀爬，"灵巧"的一双脚能像猴子一样抓住物体，把握着行走，非常敏捷和可靠。哪怕摔下来，它也绝不会死亡。

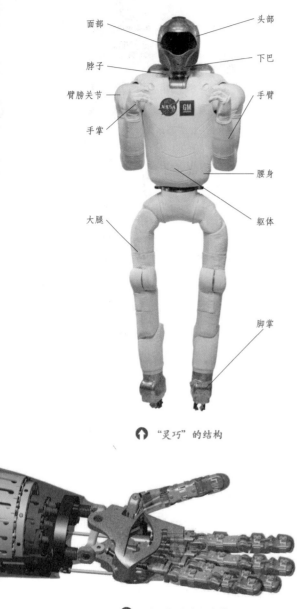

面部　头部
脖子　下巴
臂膀关节　手臂
手掌
腰身
大腿　躯体
脚掌

⬆ "灵巧"的结构

⬆ "灵巧"的手和手臂

"灵巧"全身安装了超过500个传感器，55个中央处理器和微处理器。"灵巧"的身手灵活。它的全身共计58个自由度，机械手拥有12个自由度，大拇指3个自由度，手指4个自由度，手腕2个自由度，大腿3个自由度，小腿3个自由度。"灵巧"的机械手，不但能弯曲，还能旋转。人类的手腕到手指，只有4个自由度，只能弯曲，不能旋转。

"灵巧"也许正在读达尔文的《进化论》。"灵巧"的手指已经进化为4个自由度，而不是人类的3个。它的大拇指有3个自由度，灵活而有力。

"灵巧"会用双手分辨丝绸的厚薄和质感。当抚摸滑溜溜、软绵绵、易变形的丝绸时，"灵巧"对它的感觉、数据、认知具有极高的敏感度。如果给它一块假丝绸，它会立刻抬起头，闭上双眼，算出各项数据：这是假丝绸！

这让机器人专家也感到震撼："当其他机器人还在蹒跚学步的时候，'灵巧'已经在飞跃了。"

"懒鬼！鸡都叫了，快干活去！"

这种情况绝不会发生在"灵巧"身上。"灵巧"干活很自觉，从不需要监督，不会偷懒、不请病假、随叫随到，还不领工资。

如果没力气了，"灵巧"就到国际空间站直流电插座自己充电。

"灵巧"很像科幻电影中的未来战士，装备了最先进的控制系统、视觉听觉等传感器。它的头部和颈部可自由活动，双手可以书写，同时也具有指令学习功能。

"'灵巧'，你会干什么？"

"灵巧"眨眨眼，意思是："我能帮助宇航员做科学实验，也可以使用吸尘器。"

设计师说："这是一个聪明的机器人。它可以看到运动中的物体，并感受周围的环境，就像一个完美的人一样。它开辟了无限的可能性！"

"灵巧"身体的敏捷度、灵活性和柔韧性超过体操运动员和芭蕾舞演员。

"灵巧"有思想。它的"大脑"就是一台电脑。科学家给它安装了多种驱动程序和智能应用软件。它采用先进的控制、传感器和视觉技术，能够进行自动编程，代替人类去干许多人类没法干的工作。

科学家说：有智慧就有创造。前方发现一个螺丝帽，"灵巧"停下来思索：我用镊子还是吸管来完成任务呢？它的手慢慢地伸向镊子，夹起螺丝帽。目前，"灵巧"会使用宇航员常见的手持工具。

"灵巧"是个美男子。它的头盔材料采用半透明、琥珀色的树脂，三维塑像，硬化后涂金，成为不透明的烧结玻璃纤维。金光闪闪的面部，给"灵巧"增添了科学的庄重、太空的迷幻。

"灵巧"注定会成为一个科学的奇迹。

"灵巧"的身材健美。身体、骨骼由数百个铝合金零件组合而成。由于体积的严格限制，不锈钢广泛应用于手和手腕。为了降低复杂度和制造成本，铝合金和不锈钢板的金属托架用于支撑整个身体，内部安装了各种宇航电子设备和电子元件。躯干内部包含 CPU 系统、大型电子板、分布式电源转换器，以及许多电线和连接器。这些微妙的组件和内骨骼由一个黑色的碳纤维外壳保护。

举重，是一个体育竞技项目，它也是"灵巧"的特长之一。"灵巧"的手臂按照奥运会举重冠军的标准设计。"肌肉"强劲发达，强大到足以举起质量相当于自己体重的物体。"灵巧"相比以前的版本有了更加灵巧的双臂，可执行多项任务。

"灵巧"是一个远程操作机器人，操作员可以从远处控制它的动作。"灵巧"四肢发达，头脑却一点儿也不简单。它模仿人的手臂运动，既能巧妙地

"灵巧"强悍威猛，力气很大

穿针引线、扣尼龙搭扣、铺盖毛毯，也能轻松地举起一辆近300千克的迷你小汽车。

"灵巧"的先进技术主要有：优化的重叠双手臂，弹性联合技术，手指和拇指扩展技术，小型化的6轴传感器，多余力传感，超高速关节控制器，颈部极限转动，高分辨率相机和红外系统。"灵巧"的灵活性允许它使用与宇航员相同的工具。

从安全性和提高强度方面考虑，"灵巧"的身体被覆盖上一套白色软化的宇航服。这是一套具有高拉伸强度，良好的耐磨性和阻燃性能的宇航服。当"灵巧"穿上专门为它设计的宇航服后，金色的面孔闪露出一丝得意和神秘。科学家说："如果给一点儿阳光，它就更灿烂。"

美国宇航局对"灵巧"的设计标准是速度更快、结构更紧凑、行动更灵巧。为了在太空的行动更灵巧，机器人的行动规则必须遵循太空动力学和太空运动学的原理，它们在太空的微重力环境下比宇航员更灵巧稳重。

"灵巧"将帮助宇航员故事：合作愉快

虽然，机器人不会得太空病，但机器人的身体结构，必须尽量符合人类的人体工程学，必须平衡人、机、环境三大要素之间的关系。因为"灵巧"完全仿真模拟人类的动作，所以人类的人体力学、人体运动学也适用于太空机器人，甚至太空机器人的某些功能要胜过人类。

8.4 太空超人

"灵巧"能仿真模拟人类的动作，号称"太空超人"。"灵巧"是怎样仿真模拟人类动作的呢？

1. 灵敏的传感器系统

传感器是一种有视觉、触觉、味觉、嗅觉、温度和速度感知的电子测量器件，能模仿人类的五官、手脚和体肤等感官感知物体。

传感器是一种能自动检测、测量感觉，产生信息信号的仪器，一般由敏感元件和转换元件组成。传感器按照工作原理，分为物理传感器、化学传感器和生物传感器三大类。传感器品种繁多，广泛应用于航天科技、工业制造、医学医疗、生物工程等各行各业。

"灵巧"拥有各式各样的传感器，把压力、力量、速度、硬度、温度、位置等信息传送到分系统处理器或中央处理器。处理器根据程序、特征和算法进行计算和判断。

2. 超强的机电系统

"灵巧"的体内布满超强的液压和机电系统。根据系统指令、液压和机

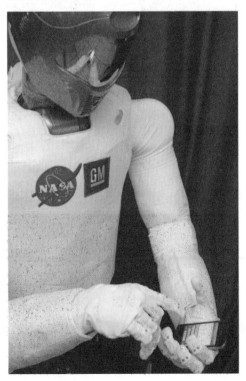

🎧 "灵巧"从不按错键

电系统产生动力，指挥手指、手臂和身体，异常灵活地做出各种高难度动作。"灵巧"不仅可以像宇航员一样操纵所有的机器设备，在国际空间站充当人类助手，还可安装在月球车上，进行外星球的地质探索。机器人宇航员将成为太空高危作业的最佳人选。

3. 逼真的网真系统

网真系统是一项远程多媒体控制解决方案，又被称为多媒体信息共享系统。它最大的魅力是使操作者身临其境般地参与现场的交流，创造临场感。一个优秀、先进的机器人，必须具备网真系统，具备图像配准、立体声、双眼视图、图形叠加功能和语音识别功能等。

🔊 "灵巧"发短信有逻辑，但不带感情

在机器人的网真系统中，操作者使用包括头盔显示器、触觉反馈手套、手臂力量传感器等设备，使用虚拟现实临场感的显示技术，直观地指挥机器人工作。这样，操作者感觉自己好像就是机器人，做出各种姿势动作。立体显示头盔提供视觉影像，包括来自机器人头部摄像机的实时视频。头盔显示器提供机器人对环境的观察，方便操作者直观地操作，并与场景自然互动。

4. 精确的中央处理器

中央处理器是一块超级集成电路，像指甲盖那么大。它是机器人的运算中心和控制中心，如同人类的大脑，分别指挥身体的各个部分。

中央处理器有一个指令系统。根据传感器系统、网真系统等传回的信息，中央处理器指令机电系统工作。当然，操作者必须控制"灵巧"高度

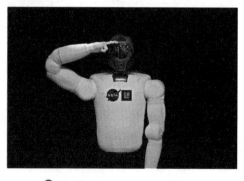

🔊 Yes, Sir! 保证完成任务！

灵敏的手指和手的动作，通过手套的手指姿势，传感器跟踪机器人的手指动作。敏感材料用于跟踪每个手指的方向。这些信息用来指挥机器人的手指动作。"灵巧"通过复杂的操作，能做出与操作者的手、臂、身体一致的精确动作。

8.5 太空开心果

　　2011年2月24日21时53分，"灵巧"在肯尼迪航天中心第39-A号发射台，搭乘"发现"号航天飞机第"STS-133"次航班进入太空。它成为航天历史上首位访问太空和国际空间站的机器人宇航员，并最终进化为拥有自主行动能力、多功能的"太空超人"。

　　"欢迎您！机器人宇航员'灵巧'。"

　　"灵巧"点点头表示："爸爸，我来了！请多关照！"第五次上太空的50岁机长史蒂芬·韦恩已经与"灵巧"相认，当上了它的第一任"爸爸"。韦恩表示：我将特别关照这个世界上最聪明的"儿子"，把它安全送到目的地，希望我们合作愉快。

　　这次，"发现"号航天飞机成员由7名美国宇航员组成，五男一女和"灵巧"。"灵巧"将享受宇航员待遇，坐在"发现"号航天飞机第7号座椅上升空。

　　2011年2月26日17时14分，经过两天飞行，"发现"号停靠在国际空间站。俄罗斯"联盟TMA-01M"飞船指挥官、已5次上天的卡乐瑞·亚历山大·尤里耶维奇很激动。他率领两名宇航员在国际空间站上迎接第一位机器人宇航员的到来。

機器人宇航员徽章

🔺 "灵巧"与"发现"号航天飞机机组人员合影

太空超人，近在咫尺。

美国宇航员史蒂夫·斯瓦森将"灵巧"的上身和大腿连接在一起，像魔术师一样吹了一口气："变！""灵巧"变成一个真正的机器人宇航员。宇航员给"灵巧"接上电源，又吹了一口气："活！""灵巧"被激活了，从此有了生命、思想和未来。

"立正——稍息——敬礼！欢迎'灵巧'参加国际空间站工作！大家呱唧呱唧，热烈欢迎！"美国宇航局已掌握顶级机器人制造技术。国际空间站为"灵巧"提供了一个理想的舞台。"灵巧"将拉开太空探险新时代的序幕。

首先，"灵巧"将被固定在"命运"号实验舱里的一个位置上，为"灵巧"后来的自由行动做准备。科学家只给"灵巧"装了两条腿。宇航员不需要一个三条腿的机器人在空间站里瞎晃悠。"灵巧"要学会利用手和脚，从一个地方移动到另一个地方，最后像一般宇航员一样在周围行动。

科学家将测试"灵巧"在失重环境下的工作状态，检测并评估太空环境对"灵巧"的影响。让它慢慢从简单的任务开始逐渐获得进步，就像监测它的健康状况一样，进行更复杂的工作。

10月13日，"灵巧"首次在太空中移动，在国际空间站内部执行维护任务，如吸尘或清洗过滤器。空间站站长向美国约翰逊航天中心报告：天哪！这个家伙迈着两条大长腿，一会儿像螳螂，一会儿像壁虎一样，在国际空间站四

🔺 美国宇航员史蒂夫·斯瓦森组装"灵巧"

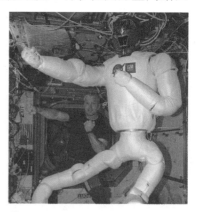

🔺 史蒂夫·斯瓦森教"灵巧"打拳击

处溜达攀爬。

"灵巧"居住在国际空间站指令舱，与空间站站长和宇航员相伴。空间站站长理所应当地成为"灵巧"的监护人。"灵巧"在空间站这种极端环境生活，需要特别保护。

"灵巧"很快适应了快节奏的生活和工作。它在无重力、宇宙辐射与电磁干扰环境中进行各种试验。空间站内部试验将提供机器人如何与宇航员并肩工作的性能数据。随着地面研发技术的提高，科学家可为空间站宇航员提供更为强大的机器人宇航员，执行太空新任务。

美国宇航局认为：人形机器人非常重要，要在仅剩的几次航天飞机任务中将这个看起来用处不大的机器人送上天。人形机器人的主要任务是舱外活动或太空行走。这项任务对于人类来说既复杂耗时，又充满危险。这次，"灵巧"的科学任务是在空间站内部活动，进行各项科学实验和特殊使命。

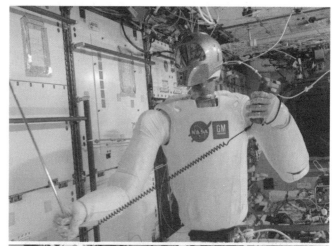

美国宇航局给"灵巧"制定了一部《机器人宪法》。"灵巧"拥有监督下的自主权，没有民主权。在限制范围内，它可以自主运行。科学家将发送命令程序，就像对火星漫游车"勇气"号和"机遇"号兄弟的控制一样，让

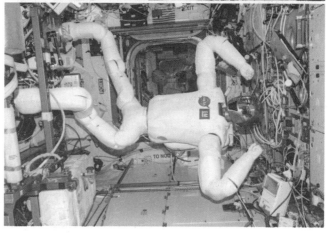

❂ "灵巧"在国际空间站上活动

它自己思考，做一系列的动作。

如果在月球轨道或远地轨道，它的视频信号 2~6 秒就能发送到控制中心。如果从火星将视频信号发送到地球，时间通常超过 10 分钟。当控制人员看到"灵巧"在做一些不正确的动作时，马上会告诉它："停止！试试做另一项。"一段时间后，"灵巧"会变成无所不懂、无所不会的精灵。

开始，科学家会根据《机器人宪法》给予它很多详细规定。当它做一些与本职工作无关的事情时，科学家会出来制止它。人们会更充分地开发它的视觉系统，让"灵巧"能够做细微的动作，自己调整到能抓住任何一个目标。

美国宇航局很高兴，"灵巧"非常完美。

"灵巧"喜欢人们称它为"太空超人"，不喜欢叫它"小飞侠"，也不喜欢叫它"哑巴"、"憋死牛"。

目前，"灵巧"还没有语言系统，是个哑巴，所以缺乏幽默和口才。虽然让它拥有语言系统是件比较容易的事情，但它暂时还不需要这项功能。

科学家说："空间站需要的是一个会干活的工人，而不是一个铁嘴铜牙的空间站站长。"宇航员们很高兴："感谢上帝！幸亏这家伙不会说话，不然把我们背后骂局长的话传到局长那里，我们可就麻烦了。"

别以为我打不过你

科学家称赞道："这个家伙了不得！""灵巧"也许有一天会登上一颗行星或小行星，并为人类建立工作站或栖息地。"灵巧"肯定会成为一位经验丰富的宇航员。当宇航员做错事，说"对不起"时，"灵巧"也许会说："没关系！以后聪明点儿就行了。"

宇航员一定会抱怨、发牢骚："这个家伙太能

↑ "灵巧"在进行科学实验

↑ 加油！

干了。我们总感觉将被解雇，丢掉饭碗。"

机器人宇航员前途无量。它将在未来的太空探索，特别是太空作战中扮演越来越重要的角色。

现在，美国宇航局第三代机器人宇航员"灵巧-3"号已横空出世。

"灵巧-3"号比"灵巧"更加先进。"灵巧"会的，它都会；"灵巧"不会的，更是它的特长和绝招。平时，"灵巧-3"号是一个宇航员、科学家，会思考、说话、编程和干活。在必要时，它会开枪、发射火箭弹，甚至发射导弹。"灵巧-3"号就是一个太空特工、机器人间谍。

"灵巧-3"号的头上安装有视觉传感器，手指上安装了压力传感器。它能够以超过人类的精确动作操作武器，也完全可以在太空中捕捉、检查、修理卫星等航天器，如给卫星加充燃料、换个零件等。

"灵巧-3"号可以执行太空猎杀行动，攻击敌人的航天器，给敌星输入启动病毒程序，策反敌星充当自己的间谍。它能靠近敌人的卫星，散布传播虚假信息，直至黑了敌星的"大脑"；在较大的卫星后面打个黑枪、钻个小孔，动个外科小手术。

"灵巧-3"号也可将那些毫无反抗能力的小卫星抓住、俘虏。如果它发火了，再来点儿暴力，干脆砸扁、撕碎敌星。

机器人宇航员，玩的就是科技、勇敢、冒险和心跳。

↑ 美国宇航局第三代机器人宇航员"灵巧-3"号

8.6 太空阿童木

一个人快乐得要晕头转向了，他就是日本宇航员若田光一。1963 年 8 月 1 日，若田光一出生在日本埼玉县东南部的大宫区。1987 年，他获得了航空工程学士学位，1989 年取得应用力学科学硕士学位，2004 年在九州大学荣获航空航天工程博士学位。1992 年，他作为航空结构工程师，加入日本宇宙航空研究开发机构宇航员队伍，到美国宇航局约翰逊航天中心训练。

2009 年 3 月 15 日，若田光一乘坐"发现"号第"STS-119"次航班，第三次飞上太空，创造了太空飞行 137

日本宇航员若田光一

天 15 小时 5 分的纪录。2013 年 11 月 7 日，若田光一搭乘"联盟 TMA-11M"飞船，第四次飞上太空，创造了太空飞行 187 天 21 小时 44 分的纪录。他共 4 次到太空，在太空飞行 347 天 8 小时 32 分 。

宇航员每一次飞行，都会佩戴任务徽章和个人徽章。若田光一的个人徽章十分个性，从中可以读出他的思想和境界：地球人、探索、未来、梦想……

我不会哭闹，只会微笑，可爱温馨；

我不吃不喝，仰望太空，喜欢数星星。

君子风度，聪明伶俐，快乐又欢欣；

美国"发现"号航天飞机第"STS-119"次航班徽章

俄罗斯"联盟 TMA-11M"飞船徽章

轻轻挠你，浑身痒痒，俘获你的小心心⋯⋯

这是《太空机器人之歌》。

2014 年 3 月，若田光一成为"远征-39"科考队指挥官和国际空间站站长。这标志着日本宇航员第一次成为国际空间站站长。这次飞行，若田光一多了一位亲密伴侣、日本太空机器人——"希望"号。

"希望"号机器人宇航员高 34 厘米，宽 18 厘米，厚 15 厘米，重约 1 千克。它的功能包括：语音和语音识别，自然语言处理，语音合成和通信，面部识别和视频记录。

这个眼睛睁得大大的，穿着靴子的机器人宇航员，大约有吉娃娃狗狗那么大。"希望"是专门设计的机器人宇航员。它能在太空的零重力环境下，协助宇航员做各种太空实验。"希望"的主要科学目标是研究机器人与人类如何互动和智能化。

"这个小家伙能行吗？"若田光一问道。

"能行！太能行了！"科学家认为，"希望"能在太空科学任务和协助宇航员工作中扮演更积极的角色。研究人员将验证机器人能否给予宇航员感情和精神方面的支持。

"希望"是日本第一个机器人宇航员。

日本宇宙航空研究开发机构早就想开发一种机器人宇航员了，一个会言语交际的人形机器人。

"希望"是日本宇宙航空研究开发机构、日本东京大学教授高桥智隆、机械人公司、丰田公司、东京大学先进科学技术研究中心协作的结晶。东京大学、高桥智隆和机械人公司负责机器人硬件和运动机构；丰田公司创建语音识别功能和通信功能，创造了谈话内容的管理项目；日本语音合成技术公司提供语音合成技术。

当时，日本一共研制了两个机器人：一个叫"希望"，另一个叫"米拉塔"。这对双胞胎长得一模一样，具有相同的外形、特征、构造、功能和性格。日本宇宙航空研究开发机构开了一次隆重的会议，决定"希望"飞天，"米拉塔"留在地球上，作为备份机组成员。这个决策过程与决定哪位宇航员飞天的过程一样。

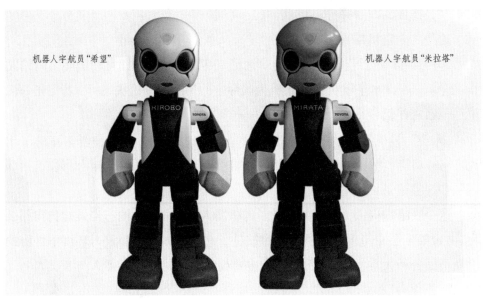

机器人宇航员"希望"   机器人宇航员"米拉塔"

⬆ 机器人宇航员 "希望" 与 "米拉塔"

"希望"的外形设计灵感，来自漫画家手冢治虫创作的经典动画角色——铁臂阿童木。它会思维、说话、走路、认识面孔和拍摄图像，在微重力条件下运动，搜集机器人在太空活动的科学数据和证据。

在记者会上，"希望"模仿美国宇航员阿姆斯特朗登月时的名言："这是我的一小步，却是机器人的一大步！"

2013 年 8 月 4 日，"东方白鹳-4"号货运飞船从日本南部的种子岛航天中心起飞，飞往国际空间站。

⬆ "希望"号机器人宇航员与"爸爸"高桥智隆

"东方白鹳-4"号装载了大约 5.4 吨货物，包括大米、面包、蔬菜、糖果、冰激凌、矿泉水等食品，以及服装、冰箱、低温实验箱、数据记录器、4 颗立方体小卫星和"希望"号机器人宇航员。

高桥智隆将"希望"小心翼翼地放入货运飞船："孩子，祝你一路顺风！""希望"清脆而响亮地回答："爸爸，您放心吧！千里送行，终有一别。您先回吧！我会照顾好我自己的。"这位老爸老泪纵横，没有回头，决然而去。

"希望"平安到达国际空间站后，一直等待日本宇航员若田光一的到来。日子过得飞快。一天，"希望"嘟囔道："快 3 个月了，若田光一这家伙还没来，一点儿礼貌也没有。我感觉很孤独！大哥，你快来呀！"

⬆ "东方白鹳-4"号货运飞船

8.7 男儿当自强

"来了，我来了！"

2013 年 11 月 7 日 4 时 14 分 15 秒，若田光一与两名俄罗斯宇航员搭乘"联盟 TMA－11M"号飞船飞上太空。11 月 7 日 10 时 27 分，飞船与国际空间站快速对接成功。

"哥们儿，你才来啊！你迟到了。"若田光一刚刚钻进国际空间站，背后响起一个声音。

初次见面，请多关照！

"是的！是的！对不起！兄弟，我已经按最快速度前来了。我们在凌晨 4 点多发射，现在还未到吃午饭的时间。这是从地球到太空啊！世界上最先进的快速对接啊！"

"我都等着急了。"

若田光一急忙回复："大人不记小人过，原谅我一次！"

"希望"淡淡地说："哼，没格调！好吧！来了就好！"

若田光一摇摇头说："我真的纳了闷儿了！到底我是主人，还是它是主人？"

日本宇宙航空研究开发机构早就告诉若田光一：你必须与"希望"搞好关系，密切合作，只能成功不能失败。

日本第一个登上太空的机器人开始执行第一次任务——谈天。

第二天，若田光一帮"希望"洗脸、擦手，然后……欣赏"希望"。

"小宝贝，火箭发射的时候，你感觉怎么样？"

"希望"回答："哦，太刺激了！"

"谢谢你！你在国际空间站等我那么长时间。"

"希望"炫耀道："我要不是先来到国际空间站，你还不知道在哪棵树下数星星呢？"

"是的！是的！我错了，我迟到了。您应该打得我满地找牙！"

"若田大哥，梦想是美丽的，现实是残酷的。咱们在国际空间站，每时每刻都面临牺牲，你怕吗？"

若田光一昂起头："你别吓唬我！我不怕死！国际空间站很安全。咱们不会死的！"若田光一心里在想：我其实也怕死，心里明白，但嘴上不能说。

"希望"说："人在家中坐，祸从天上来。既然咱们已经"卖身为奴"，好死不如赖活着！你其实也怕死，心里明白，但嘴上不说。"

若田光一浑身一激灵："天哪！这个小家伙仿佛会读心术。"

这是太空首次人机对话，非常成功。

12月6日,圣诞节快到了！

在国际空间站内，"希望"与宇航员若田光一聊天解闷儿。

"希望"小心翼翼地问道："你说，我好看还是你好看？"

"哦，当然是你好看。你是人类科技的结晶和杰作。我很难看，丑得离谱，很对不起你。"

"请你不要悲伤和难过！容貌是次要的，心灵美才是最重要的。"

"哈哈哈哈哈……你还懂哲学，真聪明！"若田光一举起"希望"，转了一圈又一圈。

我们是好朋友

太空机器人——男儿当自强

"希望"白了他一眼:"傻样儿!"

突然,指挥官若田光一聊起了圣诞老人。

"希望"戴着一顶圣诞小帽,很开心。它对若田光一说:"大哥,我期望圣诞老人能够带圣诞礼物到空间站来。"它还告诉若田光一,圣诞老人将会来到太空。

"小宝贝,咱们在零重力下飘浮,距离地球400多千米。圣诞老人飞不上太空。"

若田光一问:"如果圣诞老人来了,你会向圣诞老人要什么礼物?"

"希望"回答:"我想要一个玩具火箭……让我们问问圣诞老人,何时来国际空间站?"

不久,日本电视台公布了对话的视频。

"希望"以宇航员的身份陪伴空间站指挥官若田光一,进行科学实验。

若田光一下达命令:"小宝贝,咱们实验室的花有点儿蔫了,该浇浇水了。"

"好的,大哥!我的手太小,不适合浇花。你的手大一些,更适合浇花。"

"小宝贝,你看看外面,是白天还是黑夜?"

"你指的是地球上的白天黑夜,还是国际空间站上的白天黑夜?"

"小宝贝,咱们的圆珠笔飘起来了。你去抓回来,放回原处!"

"好的,大哥!我已经将圆珠笔抓回来,放回原处了。"

"希望"按照命令进行一系列太空实验。突然,"希望"摇摇头问道:"大哥!怎么这么臭啊?你放屁了!"

若田光一说:"屁是肚中之气,岂有不放之理。在空间站放屁,又不犯法。"

"希望"道:"哥们儿,屁会污染空气、破坏环境!你最好憋着!"

这次人机对话非常成功。若田光一开心极了,向地面飞控中心报告:"真灵!这家伙耳聪目明,能言善辩,手脚灵活,干活麻利。这不得了了!它太能干了。不久的将来,我可能要失业了。"

"希望"具有惊人的智慧。若田光一评价道:"这家伙,说得一口标准的日语,比我标准多了。它是一个好伙伴,一个演说家,还是一个敏捷的运动员,一个埋头干活从不要钱的科学家。"

若田光一感叹道:"这家伙太聪明、太机灵了!如果吵架,我绝对不是它的对手。"

2014 年 5 月 13 日，若田光一要回家了。他与"希望"相依为命，相处了半年时间。现在，他俩要在太空告别。

若田光一的眼圈红了，声音呜咽：人有悲欢离合，月有阴晴圆缺，此事古难全！此时生死离别，不知这辈子是否还能见面？"希望"正在国际空间站舷窗旁朝外看，似乎没有一点儿悲伤的感觉。

若田光一把"希望"叫到面前，悲伤地说道："很抱歉！我今天要回家了，我不能带你回到地球。我唯一的遗憾是把你一个人留在这里。"

"希望"好像没事人似的，回答道："大哥，没关系，我是个机器人

"希望"站在舷窗边欣赏太空风景

若田光一与"希望"进行人机对话

呀！我能照顾好我自己。等我有机会回到地球，我们再聊太空的事吧！"

若田光一与"希望"的谈话，体现并展示了人类与机器人之间的默契和未来合作的方式。若田光一的心情比较烦：不是因为"希望"太顽皮，而是因为要与小弟分别。

若田光一哀叹道：唉！我回到地球，谁来帮我解闷儿呢？

"希望"在国际空间站上生活了 18 个月。2015 年 2 月，它搭乘飞船返回地球，安全回到日本。

"希望"归来后，日本宇宙航空研究开发机构对它进行了深入研究：天哪！"希望"能长成像人类一样高的机器人。它不但能进化成宇航员，还能进化成大力士、科学家和太空战士。现在，日本科学家正在研发更先进的小弟弟——科学家机器人。

"希望"成为日本少年儿童的偶像和网红，受到热烈欢迎。有的小朋友说：

"我要是能变成'希望'，那该多好啊！"有的小朋友问妈妈："你怎么没把我生成机器人呢？"许多小朋友说："我要好好学习，自己研制一个更聪明的机器人。"

日本小朋友唱起了《太空机器人之歌》，跳起了太空舞：

我不会哭闹，只会微笑，可爱温馨；

我不吃不喝，仰望太空，喜欢数星星。

君子风度，聪明伶俐，快乐又欢欣；

轻轻挠你，浑身痒痒，俘获你的小心心……

⬆ "希望"与小朋友一起跳舞

 8.8 朋友还是敌人

悲哀啊！悲哀！

当机器人即将诞生的时候，科学家就预见到机器人的进化速度会非常快。这非常可怕。

人类进化至少花了 300 万年。机器人从最简单的机器人到人形机器人仅用了 60 年。

科学家认为：当机器人具备一定的智慧和能力，就会伤害人类。

20 世纪 30 年代，第一个机器人诞生。机器人从科幻小说和科幻电影中走出来，与人类一起工作。1940 年，美国科幻作家艾萨克·阿西莫夫在小说《我，机器人》中订立了"机器人定律"：机器人不准伤害人类；机器人必须遵守人类的命令，违背第一条的命令除外；机器人必须保护自己，违背第一、第二条的命令除外。

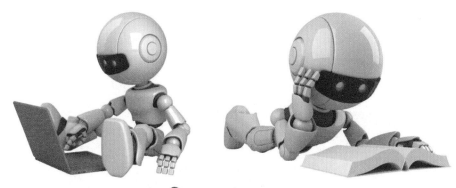

⬆ 机器人越来越聪明

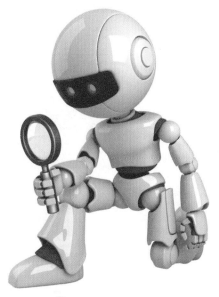

"机器人定律"成为机器人必须遵守的法律，也成为科幻电影和文学作品中机器人必须遵守的法律。机器人设计人员、研究人员、制造工厂也将"机器人定律"作为机器人开发的标准。

机器人会遵守"机器人定律"吗？

机器人是人类的朋友还是敌人？

科学家预言：2050 年，机器人将彻底改变人类的生活和工作方式。

当各种机器人越来越聪明，人类的担心也将越来越多。机器人专家不得不承认：人类的潜能几乎被开发殆尽，而机器人技术突飞猛进、日新月异。在与机器人短暂交锋后，人类眼睁睁地看

⬆ 机器人使用工具

着对手全面赶超自己。在面对必然会到来的失败，骄傲的人类是否会低下高贵的头？是否已经做好了失败的心理准备？

人类与动物的区别是有没有主观能动性。人类与机器人的区别是有没有感情。机器人没有感情，将来也许永远不会有感情。没有感情也许是个好事情，也许是个坏消息。

最新研究表明：机器人将来可能会拥有感情。机器人拥有感情可能是个好事情，也许是个更坏的消息。

机器人仍在极速进化，没有生命也仍然精彩！

"祸兮福所倚，福兮祸所伏"，任何事物都有两面性，好事会变成坏事，坏事也可以变成好事。机器人也不例外。它们可能会成为人类和地球的主人，但请放心：人类的智慧一定会战胜机器人的智慧。

人类永远是机器人的主人！

👆 人类永远是机器人的主人